Alfredo Raffaele Distefano

NUOVO ESAME PER ESPERTO IN GESTIONE DELL'ENERGIA

Test e temi di esame svolti per sostenere l'esame di Esperto in Gestione dell'Energia del Settore Civile

NUOVO ESAME PER ESPERTO IN GESTIONE DELL'ENERGIA
Settore Civile
ISBN 978-0-244-37138-8

A mio figlio Danio

Pagina vuota

PREFAZIONE

La figura dell'EGE ha acquisito un ruolo strategico nel mercato energetico e nel mondo del lavoro, sempre maggiori aziende pubbliche e private ricercano profili professionali specifici che necessitano di competenze certificate. I Sistemi di gestione dell'Energia ISO 50001 o le ESCO come definite dalla Norma UNI 11352, gli obblighi derivanti dal decreto 102/2014 e la richiesta di misure d'incentivazione economica (certificati bianchi, conto termico) ha aggiunto altra forza al ruolo dell'Esperto in Gestione dell'Energia, figura essenziale al fine di ottenere risultati reali e positivi. L'esperto in gestione dell'energia può collaborare come dipendente o consulente presso utenti con rilevanti consumi di energia, Pubbliche Amministrazioni ESCO, distributori e fornitori di vettori energetici. Questo volume fornisce alcune nozioni principali e gli spunti per affrontare l'esame di certificazione delle competenze acquisite in ambito civile. Raccoglie gli esempi di test a risposta multipla e temi proposti. I test sono completi con le risposte ai quesiti mentre per i temi è riportato lo svolgimento. Il volume non intende essere esaustivo, ma a supporto per il superamento della prova di esame.

Pagina vuota

INDICE GENERALE

PARTE GENERALE

1 ESPERTO IN GESTIONE DELL'ENERGIA

1.1 La normativa

La *norma UNI CEI 11339* definisce i requisiti generali e le procedure per qualificare gli Esperti in Gestione dell'Energia. Ne definisce i compiti, le competenze e le modalità di valutazione delle competenze, nello specifico:

• individua i principi delle attività di gestione efficiente dell'energia e descrive competenze e conoscenze che devono possedere gli "esperti in gestione dell'energia".

• definisce un processo di qualificazione univoca per gli aspiranti "esperti in gestione dell'energia" e previa la verifica del livello di competenza ed esperienza attraverso maturato.

• definisce le modalità per il riconoscimento-mantenimento di tale livello di qualificazione. La qualificazione diventa la garanzia affinché ci si possa avvalere di professionalità di esperti in gestione dell'energia. Ogni esperto è chiamato a operare con le necessarie conoscenze dei processi e delle tecnologie, nel rispetto delle leggi e delle norme applicabili anche ai fini della sicurezza degli impianti nel rispetto delle normative regionali, nazionali e sovranazionali.

I soggetti che possono essere interessati a utilizzare le competenze professionali dell'esperto in gestione dell'energia qualificato, sia come proprio addetto sia come consulente esterno, al fine di migliorare il proprio livello di efficienza energetica, ovvero al fine di ridurre i consumi di energia primaria e le emissioni di gas clima-alteranti legate all'utilizzo di energia, di incrementare in qualità e/o in quantità i servizi forniti comunque attinenti all'uso razionale dell'energia sono i seguenti:

- utenti/clienti con rilevanti consumi di energia singoli o raggruppati in consorzi o strutture associative: in generale, consumatori intermedi e finali interessati alla gestione efficiente dell'energia;

- distributori e fornitori di vettori energetici, grossisti e traders;

- ESCO - Società di servizi energetici;

- società d'ingegneria e strutture di servizi tecnici per l'effettuazione di attività di diagnosi energetica e studi di fattibilità e per il supporto ai clienti finali nell'accesso agli incentivi;
- organismi bancari e finanziari;
- agenzie energetiche nazionali, regionali e/o locali;
- enti di governo ed enti locali, per lo sviluppo di piani e programmi appropriati e per le attività di controllo, di verifica e in generale di attuazione della normativa;
- università e altri centri di ricerca e istituti formativi per attività di ricerca, di formazione e di consulenza tecnico scientifico nel settore;
- organizzazioni pubbliche e private, appartenenti a qualsiasi settore produttivo e/o di servizi e di qualsiasi dimensione che intendano adottare e applicare volontariamente un Sistema di Gestione dell'Energia.

1.2 Esercitazioni

1.2.1 Esempi quesiti di esame[1] e risposte

Quale è la norma italiana che specifica i requisiti per la qualificazione dell'esperto in Gestione dell'Energia?
1. UNI CEI 11339
   - o UNI CEI TR 11428
   - o D.LGS. 115/08
   - o UNI CEI 11352

---

[1] Quesiti fonte SECEM

Quale requisito deve possedere un soggetto per poter essere definito: Esperto in gestione dell'Energia secondo quanto indicato nel D.Lgs.115/08?
- o Deve essere stato nominato Energy Manager ai sensi della legge 10/91
- o Deve aver seguito e superato un corso di abilitazione cui vengono verificati anche le esperienze professionali
2. Nessun requisito specifico
- o Deve rispondere ai requisiti indicati nella norma specifica UNI CEI specifica

La norma UNI CEI 11339 definisce:
- o Le modalità di effettuazione delle Diagnosi Energetiche che gli Energy Manager nominati ai sensi dell'art.19della legge 10/91 sono tenuti ad effettuare almeno una volta all'anno
- o Le modalità per la qualificazione delle ESCO
3. I requisiti generali per la qualificazione degli Esperti in Gestione dell'Energia
- o Le modalità per la qualificazione degli Energy Manager nominati ai sensi dell'art'19 della legge 10/91

La direttiva n. 2006/32/CE del Parlamento Europeo e del Consiglio ha per oggetto:
- o La promozione delle fonti rinnovabili
4. L'efficienza negli usi finali e i servizi energetici
- o Il rendimento energetico nell'edilizia
- o L'emission trading

1 ENERGY MANAGER

2.1 La normativa

Ai sensi *dell'articolo 19 della Legge 10/91* tutti i soggetti consumatori di energia, pubblici o privati, con consumi annui, espressi in tonnellate equivalenti di petrolio che superano le seguenti soglie:
- • settore industriale 10.000 tep anno;

• altri settori (terziario e Pubblica Amministrazione) 1.000 tep anno sono obbligati, ogni anno, a effettuare la nomina dell'Energy Manager. Ricordiamo che 1 TEP rappresenta praticamente il calore sviluppato bruciando una tonnellata di petrolio e corrisponde a circa 1,3-1,4 t di carbone, 1.200 mc di gas naturale, 4.500 Kwh elettrici. Nella Legge 10/91 viene indicato che la principale funzione del Responsabile per la conservazione e l'uso razionale dell'energia consiste nella predisposizione di bilanci energetici e nel supporto al decisore sulle scelte da effettuare al fine dell'uso efficiente dell'energia. L'incarico di responsabile per la conservazione e l'uso razionale dell'energia, può essere svolto sia da un dipendente, sia da un consulente esterno. Per diventare energy manager ed essere inseriti nell'elenco (si evidenzia che non si tratta di un albo!) curato e gestito dalla FIRE (Federazione Italiana per l'Uso Razionale dell'Energia) per incarico del Ministero delle Attività Produttive, occorre essere nominati da un soggetto, non necessariamente sottoposto all'obbligo.

L'Energy Manager odierno dovrebbe:
• conoscere approfonditamente i consumi e i flussi energetici della propria realtà e attivare la contabilità energetica nella propria struttura, addebitando i costi alle singole utenze rilevanti;
• interfacciarsi e integrarsi con chi gestisce e organizza i processi e il personale, al fine di dare il giusto peso all'energia nelle scelte aziendali;
• contrattare le migliori condizioni di fornitura dei vettori energetici nel libero mercato;
• predisporre i programmi di sensibilizzazione ed educazione del personale aziendale;
• preparare studi di fattibilità e progetti preliminari in campo energetico;
• predisporre i programmi di sensibilizzazione ed educazione del personale aziendale;
• saper convincere i decisori a realizzare progetti di razionalizzazione energetica;
• analizzare e valutare i progetti presentati dalle società fornitrici di servizi di energia (ESCO);
• individuare i servizi di manutenzione e gestione degli impianti in grado di rendere il funzionamento più efficiente ed economico;

• mantenersi aggiornato sui principali sviluppi della congiuntura nazionale ed internazionale per quanto riguarda i beni ed i servizi energetici e produttivi collegati al proprio contesto operativo;

• saper utilizzare le leggi e normative ambientali come "driver" di opportunità relativamente ad interventi sull'uso efficiente dell'energia e sull'impiego di Fonti Energetiche Rinnovabili, micro generazione e cogenerazione.

2.2 Esercitazioni

2.2.1. Esempi quesiti di esame[2] e risposte

Quale requisito deve avere un Energy Manager per essere nominato ai sensi della legge10/91?

o   Deve essere un Ingegnere iscritto al proprio Ordine di appartenenza Territoriale

o   Deve essere un dipendente dell'azienda/amministrazione pubblica soggetta all'obbligo

1.   Nessun requisito specifico

o   Deve aver seguito il corso di formazione organizzato dall'ENEA ed essere presente nell'elenco pubblicato sul sito del FIRE

Ai sensi della legge 10/91 quali, tra i soggetti sotto indicati, sono obbligati alla nomina del tecnico responsabile per la conservazione e l'uso razionale dell'energia (energy manager)?

o   Comuni con più di 1.000 abitanti

2.   Soggetti operanti nel settore industriale che nell'anno precedente hanno avuto un consumo di energia superiore a 10.000 tep

o   Soggetti operanti in settori non industriali che nell'anno precedente hanno avuto un consumo di energia superiore a 10.000 tep

o   La legge impone l'individuazione, ma non la nomina ufficiale dell'energy manager

---

[2]   Quesiti fonte SECEM

*Il Responsabile per la Conservazione dell'energia (Energy Manager)
è figura professionale prevista:*
o Dalla norma UNI 7129 del 1972
3. Dall'Art.19 della legge 10 del 1991
o Dalla Legge Finanziaria 2002
o Dalla direttiva 06/32 sull'efficienza e i servizi energetici

*In Italia, i tecnici responsabili per la conservazione e l'uso razionale
dell'energia, nominati ai sensi dell'art. 19 della legge 10/91, sono:*
4. Circa 2.000
o Circa 5.000
o Circa 10.000
o Non esiste un registro per tale figura professionale

2 ESCO

3.1 La normativa

L'UNI CEI 11352 definisce i requisiti generali e una lista di controllo per la verifica dei requisiti delle società di servizi energetici
(ESCO) che forniscono ai propri clienti servizi di efficienza energetica
conformi alla UNI CEI EN 15900, con garanzia dei risultati.

In particolare descrive i requisiti generali e le capacità (organizzativa, diagnostica, progettuale, gestionale, economica e finanziaria) che
una ESCO deve possedere per offrire i servizi di efficienza energetica
e le attività peculiari, qui descritti, presso i propri clienti.

Fornisce inoltre una lista di controllo per la verifica delle capacità
delle ESCO e i contenuti minimi dell'offerta contrattuale del servizio
di efficienza energetica offerta da una ESCO.

I requisiti che la ESCO deve possedere sono i seguenti:
a) essere in grado di svolgere un servizio di efficienza energetica
in accordo alla UNI CEI EN 15900:2010;
b) essere in grado di svolgere tutte le seguenti attività;
1) diagnosi energetiche, comprensive dei fattori di aggiustamento;
2) verifica della rispondenza degli impianti e delle attrezzature oggetto dell'intervento di miglioramento dell'efficienza energetica alla

legislazione e alla normativa di riferimento con individuazione degli eventuali interventi di adeguamento e di mantenimento della rispondenza ai requisiti cogenti;

3) elaborazione di studi di fattibilità, preliminari alla progettazione, con analisi tecnico-economica e scelta delle soluzioni più vantaggiose in termini di efficienza energetica e di convenienza economica;

4) progettazione degli interventi di miglioramento dell'efficienza energetica da realizzare, con la redazione delle specifiche tecniche;

5) realizzazione degli interventi di miglioramento dell'efficienza energetica;

6) gestione degli interventi di miglioramento dell'efficienza energetica e conduzione degli stessi garantendone la resa ottimale ai fini del miglioramento dell'efficienza energetica ed economica;

7) manutenzione degli interventi di miglioramento dell'efficienza energetica, assicurandone il mantenimento in efficienza;

8) monitoraggio del sistema di domanda e consumo di energia, verifica dei consumi, delle prestazioni e dei risultati conseguiti secondo metodologie, anche statistiche, concordate con il cliente o cogenti;

9) presentazione di adeguati rapporti periodici al cliente che permettano un confronto omogeneo dei consumi e del risparmio di energia per la durata contrattuale; ai fini della omogeneità del confronto devono essere inclusi anche eventuali aspetti indiretti quali le variazioni dei consumi di risorse naturali (per esempio l'acqua);

10) supporto tecnico, per l'acquisizione e/o la gestione di finanziamenti, incentivi, bandi inerenti interventi di miglioramento dell'efficienza energetica;

11) attività di formazione e informazione dell'utente;

12) certificazione energetica degli edifici.

Inoltre la ESCO può offrire le seguenti attività facoltative:

1) finanziamento dell'intervento di miglioramento dell'efficienza energetica;

2) acquisto dei vettori energetici necessari per l'erogazione del servizio di efficienza energetica;

3) sfruttamento di fonti energetiche rinnovabili, sempre finalizzato al miglioramento dell'efficienza energetica;

4) ottimizzazione economica dei contratti di fornitura eventualmente anche mediante modifica dei profili di prelievo dei vettori energetici.

c) possedere le capacità:

1) capacità amministrative, legali e contrattuali, per la proposizione, negoziazione e definizione dei contratti a garanzia di risultato più appropriati con i clienti;

2) capacità amministrative, legali e contrattuali, per la proposizione, negoziazione e definizione dei contratti di fornitura o di appalto con i fornitori

3) capacità di formazione ed aggiornamento sia del proprio personale sia di quello del cliente;

4) capacità di garantire adeguata assistenza nella gestione del servizio di efficienza energetica presso il cliente e fornire adeguata reportistica.

5) capacità di elaborare piani di controllo commessa.

6) capacità di svolgere diagnosi energetiche ed analisi tecnico–economiche, monitoraggi e misure;

7) capacità di accertare la rispondenza alla legislazione e normativa tecnica pertinente del sistema di domanda e consumo di energia direttamente compreso nel servizio di efficienza energetica.

8) capacità di sviluppare studi di fattibilità e progetti esecutivi, con definizione delle specifiche tecniche ed analisi dei rischi ad essi connessi;

9) capacità di fornire dei servizi di efficienza energetica con prestazioni garantite;

10) capacità di gestire i processi autorizzativi degli interventi connessi con il servizio offerto.

11) capacità di realizzare l'intervento di miglioramento dell'efficienza energetica, compreso l'acquisto di beni e servizi necessari, la messa in servizio e il collaudo;

12) capacità di pianificare ed effettuare monitoraggi e misure dei risultati ottenuti, unitamente alla verifica periodica degli strumenti (controlli, taratura, ecc.);

13) capacità di esercizio, comprensiva, quando previsto, dell'approvvigionamento di combustibile e dell'energia elettrica necessaria, e di manutenzione degli impianti oggetto del servizio di efficienza energetica;

14) capacità di realizzare e/o di gestire un sistema di gestione dell'energia basato sui requisiti della UNI CEI EN ISO 50001 presso il cliente, commisurato alle necessità di quest'ultimo, o di interagire all'interno dello stesso.

15) competenze economiche e finanziarie, con adeguata conoscenza dei mercati energetici, dei prezzi delle apparecchiature e dei componenti impiantistici;

16) capacità di analisi dei costi di investimento e di gestione, e degli incassi e profitti attesi anche a supporto di una eventuale richiesta di finanziamento;

17) capacità di valutazione dei rischi (di mercato e finanziari) e degli strumenti di copertura degli stessi, direttamente e/o tramite istituti specializzati (assicurativi, bancari, ecc.);

18) capacità finanziaria, sia in proprio sia tramite istituti finanziari, per fornire il finanziamento degli interventi, anche tramite terzi (FTT)

d) offrire garanzia contrattuale di miglioramento dell'efficienza energetica attraverso i servizi e le attività fornite, con assunzione in proprio dei rischi tecnici e finanziari connessi con l'eventuale mancato raggiungimento degli obiettivi concordati.

L'eventuale quota parte dei rischi tecnici e finanziari non assunti dalla ESCO deve essere chiaramente definita a livello contrattuale;

e) collegare la remunerazione dei servizi e delle attività fornite al miglioramento dell'efficienza energetica ed al raggiungimento degli altri criteri di prestazioni e rendimento stabiliti;

f) garantire la disponibilità al cliente dei dati misurati nel corso dell'espletamento del servizio mediante adeguata reportistica e nel formato concordato.

Secondo l'approccio suggerito dalla Commissione Europea le ESCO (Energy Service COmpanies) si differenziano dalle ESPCo (Energy Service Provider Companies) per la fornitura dei seguenti servizi aggiuntivi:
- o Servizio "Calore", indirizzato soprattutto alla Pubblica Amministrazione e in particolare alle strutture ospedaliere
- o Servizio Energia, esclusivamente elettrico, tipico dei contratti "Global Service"
- o Garanzia di intervento H 24
1. Servizi energetici integrati garantiti a livello contrattuale e finanziamento tramite terzi

Qual è la norma italiana che specifica i requisiti per la qualificazione della ESCO?
- o UNI CEI 11339
- o UNI CEI TR 11428
- o EN 15900
2. UNI CEI 11352

Secondo la definizione legislativa nazionale le ESCO (Energy Service COmpanies) si differenziano dalle ESPCo (Energy Service Provider Companies) per la fornitura di:
- o un servizio "Calore", indirizzato soprattutto alla Pubblica Amministrazione
3. un servizio energetico integrato e l'accettazione di un certo margine di rischio finanziario
- o la garanzia di intervento H 24
- o energia (termica ed elettrica)

---

[3] Quesiti fonte SECEM

Una ESCO è persona fisica o giuridica che fornisce, accettando un certo margine di rischio finanziario, servizi energetici e/o altre misure di miglioramento dell'efficienza energetica; il pagamento dei servizi forniti dalla ESCO:

o E' del tipo 'a forfait' indipendente dalla dimensione dei risparmi realizzati

o E' dipendente (in tutto od in parte) dalla dimensione dei risparmi realizzati

4. Si basa esclusivamente sul raggiungimento di un determinato livello di miglioramento dell'efficienza energetica stabilito contrattualmente

o E' del tipo 'a forfait' per misure del tipo 'good house keeping'; è del tipo proporzionale per interventi che necessitino di un investimento superiore a 50.000 euro. Esiste un contratto-tipo concordato da Ministero dello sviluppo economico, Asso Esco, Confindustria e Confapi che individua i limiti di applicabilità delle precedenti due modalità

Una precisa definizione delle ESCO:

5. E' riportata nella Direttiva 2006/32

o E' riportata nel D. Lgs. 192/05

o E' riportata nei DDMM 24 aprile 2001

o Al momento manca ancora una definizione di ESCO

Principalmente, una ESCO finanzia i propri progetti con:

o Il credito al consumo

o Con i contributi dell'unione Europea

6. Il risparmio economico conseguente agli interventi di miglioramento dell'efficienza energetica realizzato dal progetto

o Con un recupero in tariffa normato dall'autorità per l'energia elettrica ed il gas

La soglia minima di risparmio energetico per la richiesta dei TEE con metodo di valutazione a consuntivo, da parte di una ESCO, è di:
o 0,1 tep/anno
7. nessuna risposta
o 100 tep/anno
o 1000 tep/anno

Il D. Lgs. 115 introduce obblighi per le Pubbliche Amministrazioni in tema di uso efficiente dell'energia, di norma:
o Solo investimenti finanziati dallo Stato
o Sostituzione impianti inefficienti entro periodo fissato dalla legge
8. Interventi di riqualificazione energetica con ricorso agli strumenti finanziari per il risparmio energetico, compresi i contratti di rendimento energetico
o Si è in attesa di specifica norma di recepimento

---

3   ISO 50001:2011

4.1 La normativa

Lo standard ISO pone l'attenzione sulle prestazioni dell'organizzazione, il rendimento energetico e soprattutto richiede che la promozione dell'efficienza energetica venga considerata lungo tutta catena di distribuzione dell'organizzazione.

La norma è destinata a fornire alle imprese un quadro di riferimento per l'integrare le prestazioni energetiche nelle pratiche gestionali dei processi.

La norma serve a promuovere le migliori pratiche di gestione dell'energia e a migliorare la gestione nel contesto dei progetti di riduzione delle emissioni di gas a effetto serra.

La ISO 50001 si sviluppa in quattro fasi di ciclo:
a) individua gli aspetti energetici dell'organizzazione, scegliendo quelli che si reputano più significativi, analizzarne e valutarne le criticità e i punti deboli; in seguito vanno definite le scelte operative e agire sulla base degli obiettivi individuati *(PLAN)*.
b) si realizzano le misure individuate *(DO)*

c) viene valutata l'efficienza di questi provvedimenti *(CHECK)* e vengono analizzati eventuali nuovi punti deboli.

d) ricomincia il ciclo di pianificazione definendo nuovi obiettivi *(ACT)*.

L'approccio volontario alla norma permette di lasciare libere le organizzazioni di poter fissare quali (POLITICA ENERGETICA), fissare obiettivi energetici, prendere in considerazione i vincoli energetici, prendere in considerazione i vincoli normativi, individuare i fattori aziendali influenzanti l'uso dell'energia. L'implementazione di un SGE permette ad una organizzazione il miglioramento continuo delle prestazioni energetiche attraverso un approccio sistemico. I requisiti sono:

a) definire una politica energetica

b) individuare i requisiti della normativa su uso e consumo efficiente dell'energia

c) condurre una analisi energetica

d) stabilire obiettivi e traguardi energetici

e) definire una struttura organizzativa necessaria ai fini del SGE

f) predisporre procedure scritte per la conduzione dell'analisi energetica

g) determinare gli indicatori di prestazione energetica

h) determinare gli obiettivi e i traguardi energetici

i) stabilire le specifiche di acquisto dell'energia

j) attuare e registrare le attività di monitoraggio

k) verificare l'efficacia del SGE definendo azioni di miglioramento.

La EN 16001 prima e la ISO 50001 mirano all'introduzione di una gestione sistematica dell'energia il cui successo dipende dall'impegno di tutti i livelli e di tutte le funzioni dell'organizzazione con principale responsabilità della direzione. In particolare occorre focalizzare il ruolo svolto dall'Alta Direzione e dal Rappresentante della Direzione. Il primo è il ruolo più alto ed ha il compito di :

a) fissare una politica energetica

b) nominare il rappresentante della direzione e costituire il gruppo di gestione dell'energia

c) fornire le risorse per stabilire, attuare e mantenere il SGE

d) identificare il campo di applicazione

e) comunicare l'importanza della gestione energetica a tutta l'organizzazione

14

f) assicurarsi di stabilire obiettivi e traguardi
g) assicurarsi che gli obiettivi energetici siano confacenti all'organizzazione
h) assicurarsi che i risultati siano misurati e registrati
Il Rappresentante della Direzione è una persona con appropriate competenze in grado di garantire che:
a) un SGE venga stabilito e implementato
b) identificare il gruppo di lavoro in grado di garantire la gestione energetica
c) riferire all'Alta Direzione delle prestazioni energetiche
d) riferire all'Alta Direzione sulle prestazioni del SGE
e) assicura e pianifica la progettazione di un sistema SGE in grado di attuare la politica energetica
f) definisce e comunica le autorità per un'efficace gestione dell'energia
g) promuove la consapevolezza della politica energetica

4.2 Esercitazioni

4.2.1. Esempi quesiti di esame[4] e risposte

Per l'implementazione di un Sistema di Gestione Energia è necessario fare riferimento alla norma:
o ISO 9001
o ISO 18001
o ISO 14001
1. ISO 50001

La norma europea ISO 50001 "Energy Management Systems" è una norma internazionale per l'implementazione di:
o Un sistema di gestione ambientale
2. Un sistema di gestione dell'energia
o Un sistema comunitario di scambio delle quote di emissione
o Un sistema di recupero di calore ed energia elettrica

---

[4] Quesiti fonte SECEM

Tra le voci del bilancio energetico:
- o L'energy manager è tenuto a dichiarare un Sistema di Gestione Energetico
- o Si può inserire un Sistema di Gestione Energetico, ma solo a determinate condizioni
- 3. Si deve dichiarare l'eventuale presenza di un Sistema di Gestione Energetico
- o Non va mai inserito un Sistema di Gestione Energetico

Anche la norma 16001, come ogni altro sistema di gestione, prevede il ciclo:
- o Manage, evaluate, review
- 4. Plan, Do, Check, Act
- o Fare, fare di più, fare di più con meno
- o Monitoring, measures and diagnosys

Aderire ad un Sistema di Gestione dell'Energia UNI/CEI EN 16001 significa, tra l'altro:
- o Impegnare la propria organizzazione ad utilizzare almeno il 20% di energie rinnovabili entro il 2020
- o Impegnare la propria organizzazione a ridurre i propri consumi energetici almeno del 20% entro il 2020
- 5. Identificare gli Aspetti Energetici derivanti dalle attività dell'Organizzazione
- o Aderire alla Politica Energetica così come definita nella norma

Un audit interno ha lo scopo di:
- 6. Controllare la conformità alla norma delle procedure implementate
- o Costruire i modelli energetici
- o Individuare misure di efficientamento energetico
- o Individuare i vari centri di costo e l'allocazione delle risorse economiche e di personale

5.   DIAGNOSI ENERGETICA

5.1 D.Lgs. 4 luglio 2014, n. 102

Il decreto, in attuazione della direttiva 2012/27/UE e nel rispetto dei criteri fissati dalla legge 6 agosto 2013, n. 96, stabilisce un quadro di misure per la promozione e il miglioramento dell'efficienza energetica che concorrono al conseguimento dell'obiettivo nazionale di risparmio energetico. Inoltre, detta norma è finalizzata a rimuovere gli ostacoli sul mercato dell'energia e a superare le carenze del mercato che frenano l'efficienza nella fornitura e negli usi finali dell'energia

Promozione dell'efficienza energetica negli edifici

1. L'ENEA, nel quadro dei piani d'azione nazionali per l'efficienza energetica *(PAEE)* di cui all'articolo 17, comma 1 del presente decreto, elabora una proposta di interventi di medio-lungo termine per il miglioramento della prestazione energetica degli immobili e sottopone il documento all'approvazione del Ministro dello sviluppo economico e del Ministro dell'ambiente e della tutela del territorio e del mare, sentiti il Ministro delle infrastrutture e dei trasporti e il Ministro dell'istruzione, dell'Università e della Ricerca, d'intesa con la conferenza unificata.

2. La proposta di interventi di cui al comma 1 riguarda gli edifici, sia pubblici sia privati, e comprende almeno:

a) una rassegna del parco immobiliare nazionale fondata,   se del caso, su campionamenti statistici;

b) l'individuazione, sulla base della metodologia di cui all' articolo 5 della direttiva 2010/31/UE, degli interventi più efficaci in termini di costi, differenziati in base alla tipologia di edificio e la zona climatica;

c) un elenco aggiornato delle misure, esistenti e proposte, di incentivazione, di accompagnamento e di sostegno finanziario messe a disposizione da soggetti pubblici e privati per le riqualificazioni energetiche e le ristrutturazioni importanti degli edifici, corredate da esempi applicativi e dai risultati conseguiti;

d) un' analisi delle barriere tecniche, economiche e finanziarie che ostacolano la realizzazione di interventi di efficientamento energetico negli immobili e le misure di semplificazione e armonizzazione necessarie a ridurre costi e tempi degli interventi e attrarre nuovi investimenti;

e) una stima del risparmio energetico e degli ulteriori benefici conseguibili annualmente per mezzo del miglioramento dell'efficienza energetica del parco immobiliare nazionale basata sui dati storici e su previsioni del tasso di riqualificazione annuo;

3. Le proposte di cui al comma 1 tengono conto del Piano d'azione destinato ad aumentare il numero di edifici a energia quasi zero di cui al decreto legislativo 19 agosto 2005, n. 192, articolo 4-bis, comma 2, e del programma di miglioramento dell'efficienza energetica degli edifici della Pubblica Amministrazione centrale di cui all'articolo 5 del presente decreto.

4. Per garantire un coordinamento ottimale degli interventi e delle misure per l'efficienza energetica anche degli edifici della pubblica amministrazione è istituita, avvalendosi delle risorse umane, strumentali e finanziarie già esistenti, senza nuovi o maggiori oneri per il bilancio dello Stato, una cabina di regia, composta dal Ministero dello sviluppo economico, che la presiede, e dal Ministero dell'ambiente e della tutela del territorio e del mare. La cabina di regia assicura in particolare il coordinamento delle politiche e degli interventi attivati attraverso il Fondo di cui all'articolo 15 e attraverso il Fondo di cui all'articolo 1, comma 1110, della legge 27 dicembre 2006, n. 296. Con decreto del Ministro dello sviluppo economico e del Ministro dell'ambiente e della tutela del territorio e del mare è stabilito il funzionamento della cabina di regia, tenuto conto di quanto previsto ai commi 1 e 2. Ai componenti della cabina non spetta alcun compenso comunque denominato ne rimborso spese, e all'attuazione del presente comma si provvede con le risorse umane, strumentali e finanziarie disponibili a legislazione vigente, senza nuovi o maggiori oneri per il bilancio dello Stato. In particolare l'art.8 prevede le modalità per la effettuazione delle diagnosi energetiche e dei sistemi di gestione dell'energia. Nello specifico:

1. Le grandi imprese eseguono una diagnosi energetica, condotta da società di servizi energetici, esperti in gestione dell'energia o auditor energetici e da ISPRA relativamente allo schema volontario EMAS, nei siti produttivi localizzati sul territorio nazionale entro il 5 dicembre 2015 e successivamente ogni 4 anni, in conformità ai dettati di cui all'allegato 2 al presente decreto. Tale obbligo non si applica alle grandi imprese che hanno adottato sistemi di gestione conformi

EMAS e alle norme ISO 50001 o EN ISO 14001, a condizione che il sistema di gestione in questione includa un audit energetico realizzato in conformità ai dettati di cui all'allegato 2 al presente decreto. I risultati di tali diagnosi sono comunicati all'ENEA e all'ISPRA che ne cura la conservazione.

2. Decorsi 24 mesi dalla data di entrata in vigore del presente decreto, le diagnosi di cui al comma 1 sono eseguite da soggetti certificati da organismi accreditati ai sensi del regolamento comunitario n. 765 del 2008 o firmatari degli accordi internazionali di mutuo riconoscimento, in base alle norme UNI CEI 11352, UNI CEI 11339 o alle ulteriori norme di cui all'articolo 12, comma 3, relative agli auditor energetici, con l'esclusione degli installatori di elementi edilizi connessi al miglioramento delle prestazioni energetiche degli edifici. Per lo schema volontario EMAS l'organismo preposto è ISPRA.

3. Le imprese a forte consumo di energia che ricadono nel campo di applicazione dell'articolo 39, comma 1 o comma 3, del decreto-legge 22 giugno 2012, n. 83, convertito, con modificazioni, dalla legge 7 agosto 2012, n. 134, sono tenute, ad eseguire le diagnosi di cui al comma 1, con le medesime scadenze, indipendentemente dalla loro dimensione e a dare progressiva attuazione, in tempi ragionevoli, agli interventi di efficienza individuati dalle diagnosi stesse o in alternativa ad adottare sistemi di gestione conformi alle norme ISO 50001.

4. Laddove l'impresa soggetta a diagnosi sia situata in prossimità di reti di teleriscaldamento o in prossimità di impianti cogenerativi ad alto rendimento, la diagnosi contiene anche una valutazione della fattibilità tecnica, della convenienza economica e del beneficio ambientale, derivante dall'utilizzo del calore cogenerato o dal collegamento alla rete locale di teleriscaldamento.

5. L'ENEA istituisce e gestisce una banca dati delle imprese soggette a diagnosi energetica nel quale sono riportate almeno l'anagrafica del soggetto obbligato e dell'auditor, la data di esecuzione della diagnosi e il rapporto di diagnosi.

6. L'ENEA svolge i controlli che dovranno accertare la conformità delle diagnosi alle prescrizioni del presente articolo, tramite una selezione annuale di una percentuale statisticamente significativa della popolazione delle *imprese soggetta all'obbligo di cui ai commi 1 e 3, almeno pari al 3%. ENEA svolge il controllo sul 100 per cento*

delle diagnosi svolte da auditor interni all'impresa. L'attività di controllo potrà prevedere anche verifiche in situ.

7. In caso di inottemperanza riscontrata nei confronti dei soggetti obbligati, si applica la sanzione amministrativa di cui al comma 1 dell'articolo 16.

8. Entro il 30 giugno di ogni anno ENEA, a partire dall'anno 2016, comunica al Ministero dello sviluppo economico e al Ministero dell'ambiente, della tutela del territorio e del mare, lo stato di attuazione dell'obbligo di cui ai commi 1 e 3 e pubblica un rapporto di sintesi sulle attività diagnostiche complessivamente svolte e sui risultati raggiunti.

9. Entro il 31 dicembre 2014 il Ministero dello sviluppo economico, di concerto con il Ministero dell'ambiente, della tutela del territorio e del mare, pubblica un bando per il cofinanziamento di programmi presentati dalle Regioni finalizzati a sostenere la realizzazione di diagnosi energetiche nelle PMI o l'adozione nelle PMI di sistemi di gestione conformi alle norme ISO 50001.

5.2 Il processo di una diagnosi energetica - UNI EN 16247-1

La presente parte 1 definisce i requisiti generali comuni a tutte le diagnosi energetiche. Ci sono altre tre parti della EN 16247, attualmente in fase di preparazione, che forniscono informazioni aggiuntive alla parte 1 per tre settori specifici.

Le altre tre parti della EN 16247 sono:
- Energy audits - Part 2: Buildings
- Energy audits - Part 3: Processes
- Energy audits - Part 4: Transport

Nello specifico i passi fondamentali del processo sono:

Contatto preliminare

a) L'auditor energetico deve concordare con l'organizzazione in merito a:

1) obiettivi, bisogni ed aspettative relative alla diagnosi energetica;
2) scopo e confini;
3) grado di accuratezza richiesto;
4) arco temporale per completare la diagnosi energetica;

5) criteri per la valutazione delle misure di miglioramento dell'efficienza energetica

6) impegno richiesto all'organizzazione in termini di tempo ed altre risorse;

7) i requisiti dei dati da raccogliere prima dell'inizio della diagnosi energetica e la disponibilità, validità e formato dei dati relativi ad energia ed attività;

8) misure e/o ispezioni prevedibili da realizzare durante la diagnosi energetica.

b) L'auditor energetico deve richiedere informazioni in merito a:

1) contesto della diagnosi energetica;

2) vincoli normativi o meno in grado di influenzare scopo o altri aspetti della diagnosi energetica proposta;

3) più ampio programma strategico (progetti pianificati, terziarizzazione della gestione dei servizi);

4) sistema di gestione (ambientale, della qualità, sistema di gestione dell'energia o altri);

5) cambiamenti che possano avere una ricaduta sulla diagnosi energetica e le sue conclusioni;

6) ogni opinione, idea e restrizione esistenti relative a misure potenziali di miglioramento dell'efficienza energetica;

7) la documentazione attesa ed il formato richiesto del rapporto;

8) se una bozza del rapporto finale debba o meno venire presentata all'organizzazione per commenti.

c) L'auditor energetico deve informare l'organizzazione di tutti:

1) gli impianti ed apparecchiature speciali necessari alla realizzazione della diagnosi energetica;

2) gli interessi commerciali o di altro genere che potrebbero influenzare le proprie conclusioni o raccomandazioni.

Incontro di avvio

a) L'auditor energetico deve richiedere all'organizzazione di:

1) nominare la persona sostanzialmente responsabile della diagnosi energetica nell'organizzazione;

2) nominare una persona che dovrà rapportarsi con l'auditor energetico, ove necessario supportata da altri soggetti adatti e, a tal fine, costituiti come gruppo;

3) informare il personale coinvolto e le altre parti interessate in merito alla diagnosi energetica e ad ogni esigenza posta in capo a loro entro tale ambito;

4) assicurare la cooperazione delle parti coinvolte;
5) informare circa ogni condizione, intervento di manutenzione o altra attività anomala possa accadere durante la diagnosi energetica.

b) L'auditor energetico deve concordare con l'organizzazione su:
1) modalità di accesso dell'auditor energetico;
2) regole di prevenzione e sicurezza;
3) dati e risorse da rendere disponibili;
4) accordi di riservatezza (ad es. proprietari in un edificio);
5) proposta di programma temporale delle visite con indicazione delle relative priorità;
6) esigenza di misurazioni speciali;
7) procedure da seguire per la installazione delle apparecchiature di misura, se necessarie.

L'auditor energetico deve descrivere i processi, gli strumenti ed il programma temporale della diagnosi energetica e le possibili esigenze di apparecchiature di misura aggiuntive.

Raccolta dati

L'auditor energetico deve, in cooperazione con l'organizzazione, raccogliere quanto segue (ove disponibile):
a) lista dei sistemi, processi ed apparecchi che usano energia;
b) caratteristiche dettagliate dell'(degli) oggetto(i) sottoposto(i) a diagnosi, ivi compresi i fattori di aggiustamento conosciuti e come l'organizzazione ritiene che essi influenzino i consumi energetici;
c) dati storici;
1) consumi energetici;
2) fattori di aggiustamento;
3) appropriate misurazioni correlate;
d) operativo storico ed eventi passati che potrebbero aver influenzato il consumo energetico nel periodo coperto dai dati raccolti;
e) documenti di progetto, di funzionamento e di mantenimento;
f) diagnosi energetiche o studi precedenti connessi all'energia e all'efficienza energetica;
g) prezzi e costi correnti e previsti, o prezzi e costi di riferimento da usare per garantire la riservatezza commerciale;
h) altri dati economici rilevanti;
i) lo stato del sistema di gestione dell'energia.

Attività in campo

L'auditor energetico deve:
a) ispezionare l'(gli) oggetto(i) della diagnosi;

b) valutare gli usi energetici dell'(degli) oggetto(i) sottoposto a diagnosi secondo finalità, scopo ed accuratezza della diagnosi energetica;

c) comprendere le modalità operative, i comportamenti degli utenti e la loro impatto sui consumi e l'efficienza energetica;

d) formulare idee preliminari per le opportunità di miglioramento dell'efficienza energetica;

e) redigere un elenco di aree e processi per i quali necessitino ulteriori dati quantitativi per successiva analisi.

a) assicurarsi che misure e rilievi siano effettuati in maniera affidabile e in condizioni che sono rappresentative delle ordinarie condizioni di esercizio e, ove significativo, in condizioni climatiche corrette;

b) informare prontamente l'organizzazione di ogni difficoltà imprevista incontrata durante il lavoro.

L'auditor energetico deve chiedere all'organizzazione di:

a) nominare uno o più soggetti che dovranno fare da guida ed accompagnatore per il personale dell'auditor energetico durante l'ispezione in campo così come richiesto.Questi soggetti dovranno possedere le necessarie competenze ed autorità per espletare direttamente, se richiesto, manovre su processi ed apparecchiature;

b) consentire l' accesso a disegni, manuali ed altra documentazione tecnica significativa dell'impianto insieme con i risultati di eventuali prove e misure di collaudo già eseguite.

Analisi

Durante tale fase, l'auditor energetico deve determinare il livello di prestazione energetica corrente dell'oggetto sottoposto a diagnosi.

a) Il livello corrente della prestazione energetica rappresenta il riferimento sulla base del quale possono venire misurati i miglioramenti. Esso deve comprendere:

1) una scomposizione dei consumi energetici suddivisi per uso e fonte;

2) i flussi energetici ed un bilancio energetico dell'oggetto sottoposto a diagnosi;

3) il diagramma temporale della domanda di energia;

4) le correlazioni tra consumo energetico e fattori di aggiustamento;

5) uno o più indicatori di prestazione energetica adatti a valutare l'oggetto sottoposto a diagnosi. L'auditor energetico deve identificare

le opportunità di miglioramento dell'efficienza energetica sulla base della prestazione energetica corrente dell'oggetto sottoposto a diagnosi.

b) L'auditor energetico deve valutare l'impatto di ogni opportunità di miglioramento dell'efficienza energetica sul livello di prestazione energetica corrente basandosi su:

1) i risparmi economici attivati dalle misure di miglioramento dell'efficienza energetica;

2) gli investimenti necessari;

3) il tempo di ritorno dell'investimento od ogni altro criterio economico concordato con l'organizzazione;

4) gli altri possibili vantaggi non energetici (come produttività o manutenzione);

5) il confronto in termini sia di costo sia di consumo energetico tra misure alternative di miglioramento dell'efficienza energetica;

6) interazioni tecniche tra azioni multiple.

Le azioni di risparmio energetico devono venire elencate secondo una graduatoria basata sui criteri concordati.

c) In quei casi ove necessario conformemente a scopo, finalità ed accuratezza della diagnosi energetica concordati, l'auditor energetico deve integrare tali risultati con:

1) la richiesta di ulteriori dati;

2) la definizione dei bisogni di ulteriori analisi.

d) L'auditor energetico deve:

1) valutare l'affidabilità dei dati forniti ed evidenziare carenze o anomalie;

2) utilizzare metodi di calcolo trasparenti e tecnicamente appropriati;

3) documentare i metodi utilizzati ed ogni assunzione fatta;

4) sottoporre i risultati della analisi ad appropriate verifiche di qualità e validità;

5) considerare ogni vincolo normativo o di altra natura che può influire sulle opportunità potenziali di miglioramento dell'efficienza energetica.

Rapporto

Nel riportare i risultati della diagnosi energetica, l'auditor energetico deve:

a) assicurarsi che la diagnosi energetica effettuata risponda ai requisiti concordati con l'organizzazione;

b) controllare la qualità del rapporto prima della sua presentazione all'organizzazione;

c) riassumere le principali misurazioni effettuate nell'ambito della diagnosi energetica, commentando:

1) la qualità e coerenza dei dati;

2) il fondamento logico delle misurazioni e come esse contribuiscano all'analisi;

3) le difficoltà incontrate nell'ambito della raccolta dati e del lavoro in campo;

d) indicare se i risultati dell'analisi sono basati su calcoli, simulazioni o stime;

e) riassumere le analisi, dettagliando ogni assunzione;

f) indicare i limiti di accuratezza delle stime di risparmi e costi;

g) presentare la graduatoria delle opportunità di miglioramento dell'efficienza energetica.

Il rapporto di diagnosi energetica deve contenere:

a) Documento di sintesi:

1) graduatoria delle opportunità di miglioramento dell'efficienza energetica;

2) programma di attuazione proposto.

b) Contesto:

1) informazioni generali sulla organizzazione sottoposta a diagnosi, sull'auditor energetico e sulla metodologia di diagnosi energetica;

2) contesto specifico della diagnosi energetica;

3) descrizione del(dei) sistema(i) oggetto di diagnosi;

4) norme tecniche e legislazione pertinenti.

c) Diagnosi energetica:

1) descrizione, scopo, obiettivo e livello di dettaglio, arco temporale e confini della diagnosi energetica;

2) informazioni sulla raccolta dati;

i) dispositivi di misura (stato corrente);

ii) indicazione di quali dati siano stati utilizzati (e quali sono frutto di misurazioni e quali di stime);

iii) copia dei valori chiave utilizzati e dei certificati di calibrazione ove opportuni;

3) analisi dei consumi energetici;

4) criteri per la messa in graduatoria delle misure di miglioramento della prestazione energetica.

d) Opportunità di miglioramento dell'efficienza energetica:

1) azioni proposte, raccomandazioni, piano e programma temporale di implementazione;

2) ipotesi assunte durante il calcolo dei risparmi energetici e loro impatto sull'accuratezza delle raccomandazioni;

3) informazioni su contributi e sovvenzioni applicabili;

4) analisi economica appropriata;

5) potenziali interazioni con altre raccomandazioni proposte;

6) metodi di misura e verifica che dovranno essere usati per le valutazioni post-attuazione delle opportunità raccomandate.

e) Conclusioni.

Incontro finale

Nell'incontro finale l'auditor energetico deve:

a) consegnare il rapporto di diagnosi energetica;

b) presentare i risultati della diagnosi energetica in maniera da agevolare il processo decisionale dell'organizzazione;

c) essere in grado di spiegare i risultati. La necessità di un supplemento di indagine deve essere discussa e deve essere raggiunta una conclusione.

Quando l'impresa è qualificabile come grande impresa ai fini dell'applicazione dell'obbligo di diagnosi?

Coerentemente a quanto evidenziato dalla Commissione europea nella Comunicazione COM (2013) 762 finale del 6 novembre 2013, al fine di garantire omogeneità di trattamento per le imprese che operano in diversi stati membri, occorre integrare le definizioni di cui al D.Lgs. 102/2014 con le disposizioni comunitarie in materia di imprese. La definizione di grande impresa, ad integrazione di quanto previsto dall'articolo 2, comma 1 v) e cc) del D.Lgs 102/2014, deve essere altresì desunta in via residuale a partire dalla definizione di "microimprese, piccole imprese e medie imprese", enunciata dalla Raccomandazione 2003/361/CE della Commissione del 6 maggio 2003 (di seguito, raccomandazione), che costituisce riferimento a livello europeo ai fini dell'applicazione delle politiche comunitarie all'interno della comunità e dello Spazio economico europeo (art 1), recepita in Italia attraverso il decreto del Ministro delle attività produttive 18 aprile 20052 (di seguito DM 18 aprile 2005).

Pertanto, tutte le imprese che non sono qualificabili PMI, ai sensi della citata normativa, sono da considerarsi grandi imprese e come tali soggette all'obbligo di diagnosi di cui all'articolo 8 del D.Lgs. 102/2014.

Le categorie di imprese sono individuate sulla base di un determinato numero di soggetti occupati (c.d. "effettivi"3) e di un duplice criterio finanziario, rappresentato dal fatturato annuo e dal totale di bilancio. La grande impresa è l'impresa che occupa almeno 250 persone, indipendentemente dall'entità degli altri due criteri, ovvero l'impresa che, ancorché occupi un numero minore a 250 persone, presenti un fatturato annuo superiore a 50 milioni di euro e un totale di bilancio annuo superiore a 43 milioni di euro.

Quando l'impresa è qualificabile come impresa a forte consumo di energia ai fini dell'applicazione dell'obbligo di diagnosi?

Le imprese a forte consumo di energia (o energivore) soggette all'obbligo di diagnosi energetica, ai sensi dell'articolo 8, comma 3, sono le imprese iscritte nell'elenco annuale istituito presso la Cassa Conguaglio per il settore elettrico ai sensi del decreto interministeriale 5 aprile 2013.

Pertanto, le piccole o medie imprese non eleggibili al riconoscimento del beneficio energivori non sono soggette all'obbligo di diagnosi.

Risulta obbligata all'esecuzione della diagnosi energetica entro il 5 dicembre dell'anno n-esimo, a decorrere dal 2015, l'impresa a forte consumo di energia che risulti iscritta nell'elenco pubblicato presso la Cassa Conguaglio per il settore elettrico, dell'anno n-1.

L'impresa energivora è esonerata dall'obbligo di esecuzione della diagnosi energetica nel caso in cui adotti uno dei sistemi di gestione volontaria di cui all'articolo 8, comma 1, secondo periodo (EMAS, ISO 50001, EN ISO 14001), a condizione che il suddetto sistema di gestione includa un audit energetico realizzato in conformità con i criteri elencati all'allegato 2 al decreto legislativo 102/2014. Resta fermo, ad ogni modo, l'obbligo di comunicare all'ENEA l'esito della diagnosi condotta nell'ambito del sistema di gestione

Chi è il soggetto obbligato?

L'obbligo non si applica alle Amministrazioni Pubbliche. La ricognizione delle Amministrazioni Pubbliche è operata annualmente dall'ISTAT con proprio provvedimento e pubblicata nella Gazzetta Ufficiale entro il 30 settembre ai sensi della legge 31 dicembre 2009, n.196.

Fatta salva la validità quadriennale delle diagnosi svolte ai sensi dell'articolo 8, comma 1, del decreto legislativo 4 luglio 2014, n.102, ogni impresa non in possesso di diagnosi in corso di validità è tenuta a verificare ogni anno la sua appartenenza alle categorie individuate ai punti 1.1 e 1.2 al fine di adempiere all'obbligo di diagnosi energetica entro il 5 dicembre dell'anno in corso.

Qualora un'impresa risulti grande impresa nell'anno n-1 e energivora obbligata nell'anno n-2 (iscritta, nell'anno n-1, nell'elenco annuale istituito presso la Cassa Conguaglio per il settore elettrico ai sensi del decreto interministeriale 5 aprile 2013) l'impresa è soggetta all'obbligo di diagnosi energetica nell'anno n-esimo, secondo i criteri stabiliti dalla categoria nella quale ricade per l'anno n-1.

Cosa si intende per "sito produttivo"?

Per "sito produttivo" si intende una località geograficamente definita in cui viene prodotto un bene e/o fornito un servizio, entro la quale l'uso dell'energia è sotto il controllo dell'impresa.

Per quanto riguarda le grandi imprese di trasporto, i siti produttivi comprendono sia i luoghi dove si svolgono attività complementari al trasporto (officine, depositi, uffici, ecc.) e per i quali valgono le definizioni precedenti, sia il trasporto stesso, considerato come un unico sito virtuale anche se diffuso sul territorio nazionale ed estero.

L'impresa che presenti siti collegati in un sistema di rete (p.e. acquedotti, oleodotti, ecc.) ha la facoltà di considerare il sistema stesso come unico sito virtuale e, pertanto, sottoporre a diagnosi energetica la rete che collega i diversi siti.

Le aziende di servizi diversi che realizzano in proprio attività di trasporto, nel caso in cui queste attività siano afferenti a siti produttivi specifici, devono contabilizzare i consumi dei trasporti all'interno di tali siti; nel caso in cui le attività di trasporto siano organizzate su di una rete distribuita fra più siti, i relativi consumi devono essere contabilizzati come sito virtuale.

Si considerano siti produttivi anche quelli di natura temporanea, ossia quelli esistenti al fine di eseguire uno specifico lavoro o servizio per un periodo limitato, a condizione che la durata prevista dell'attività sia di almeno quattro anni.

Le imprese multi sito soggette all'obbligo, su quali e quanti siti devono effettuare la diagnosi?

In applicazione dell'Allegato 2 al decreto legislativo 102/2014, le imprese multi sito soggette all'obbligo devono effettuare la diagnosi su un numero di siti proporzionati e sufficientemente rappresentativi per consentire di tracciare un quadro fedele della prestazione energetica globale dell'impresa e di individuare in modo affidabile le opportunità di miglioramento più significative.

Nell'effettuare la trasmissione dei risultati delle diagnosi all'ENEA, l'impresa multi sito deve elencare tutti i propri siti, ivi compreso il loro consumo annuale, indicando inoltre i siti sottoposti a diagnosi e motivando adeguatamente le scelte fatte al fine di garantire la rappresentatività dei siti scelti.

Nell'Allegato 1, per fornire una guida nella prima fase di attuazione e a titolo di esempio comunque non vincolante, si riporta una metodologia elaborata da ENEA per la scelta dei siti su cui effettuare la diagnosi che si ritiene rispondente ai criteri di proporzionalità e rappresentatività richiamati dal decreto legislativo 102/2014.

Quali sono i requisiti minimi che la diagnosi energetica deve rispettare ai fini dell'adempimento dell'obbligo?

Ai sensi dell'articolo 8, comma 1, la diagnosi energetica deve essere conforme ai dettati dell'Allegato 2 al decreto legislativo

102/20147. Tale prescrizione risulta rispettata se la diagnosi è conforme ai criteri minimi contenuti nelle norme tecniche UNI CEI EN 16247 parti da 1 a 4, e comunque rispetta quanto riportato nell'Allegato 2 al presente documento.

Come riportato nell'Allegato 2, la procedura per l'esecuzione della diagnosi energetica prevede la messa a punto della "struttura energetica aziendale" che, attraverso un percorso strutturato a più livelli, consente di avere un quadro completo ed esaustivo della realtà dell'impresa.

In primis l'azienda viene suddivisa in aree funzionali. Si acquisiscono quindi i dati energetici dai contatori generali di stabilimento e, qualora non siano disponibili misure a mezzo di contatori dedicati, per la prima diagnosi, il calcolo dei dati energetici di ciascuna unità funzionale viene ricavato dai dati disponibili.

Analogamente, per i consumi di carburante per trazione sarà acquisito il dato dei consumi totali e quello relativo ai singoli veicoli. Per la prima diagnosi, qualora tali dati non fossero disponibili, potranno essere stimati.

Si effettua poi la modellizzazione della realtà aziendale attraverso la costruzione degli inventari energetici. Seguono il calcolo degli indici di prestazione energetica globali e per ciascuna area funzionale ed il confronto degli stessi con quelli obiettivo, ossia rappresentativi della media di mercato, ove disponibili.

La diagnosi energetica si completa con l'individuazione di un percorso virtuoso, in termini di interventi di efficienza energetica, tale da ridurre i fabbisogni energetici a parità di attività/servizio e, quindi, creare i presupposti per una maggiore competitività dei prodotti e/o dei servizi forniti.

Nell'Allegato 2 è riportata inoltre una apposita sezione di approfondimento per le diagnosi nelle attività di trasporto.

Entro quando devono essere presentati le diagnosi successive dalla prima?

Le diagnosi successive alla prima dovranno essere presentate decorsi 4 anni dalla presentazione della precedente, al fine di rispettare l'intervallo massimo di 4 anni prescritto dalla norma. Ciò vale anche per le diagnosi validamente eseguite prima del 5 dicembre 2015 (ad esempio se una diagnosi valida ai fini dell'adempimento dell'obbligo è stata eseguita il 15 gennaio 2013, quella successiva dovrà essere svolta, al più tardi, entro il 14 gennaio 2017).

30

5.3.1. Esempi quesiti di esame[5] e risposte

*Affinché una diagnosi energetica sia efficace quale, tra quelle elenca-
te, dovrebbe essere messa in atto come prima azione?*
- Effettuare una verifica approfondita della struttura stabilimen-
  to/uffici
1. Effettuare una ricostruzione dettagliata dei consumi energetici
- Concordare un target minimo di riduzione dei consumi che si vuole raggiungere
- Installare degli strumenti di misura a supporto della diagnosi energetica

Cos'è il benchmarking energetico?
- Una tecnica per allineare i propri indicatori energetici a quelli me-
  di di mercato
2. Una tecnica per confrontare i propri indicatori energetici con quelli
   del riferimento scelto
- Una valutazione delle migliori offerte tecnologiche nel campo
  dell'efficienza energetica
- Un metodo per condurre una diagnosi energetica ottimizzando
  tempi e risorse

*Nella conduzione di una diagnosi energetica, una campagna di misu-
ra tramite strumentazione:*
- non è mai consigliabile
- va realizzata solo se le condizioni contingenti lo consigliano
- va realizzata esclusivamente attraverso strumenti in grado di dia-
  logare l'uno con l'altro (ad es. tramite collegamenti Bluetooth)
3. può essere condotta esclusivamente attraverso misure in loco effettuate da personale specializzato

---

[5] Quesiti fonte SECEM

Perché una diagnosi energetica sia efficace quale, tra quelle elencate, dovrebbe essere messa in atto come prima azione:
o Effettuare una verifica approfondita della struttura stabilimento/uffici
4. Effettuare una ricostruzione dettagliata dei consumi energetici
o Concordare un target minimo di riduzione dei consumi che si vuole raggiungere
o Installare degli strumenti di misura a supporto della diagnosi energetica

Quale, tra questi documenti, descrive la procedura per effettuare una corretta Diagnosi Energetica?
5. EN 16247
o UNI CEI 11352
o UNI CEI TR 11428
o UNI CEI 11330

Il Modello Energetico è:
6. La costruzione di un modello analitico (anche computerizzato) in grado di simulare il comportamento energetico in condizioni dinamiche dello stabilimento sotto diagnosi
o Il censimento delle utenze energetiche presenti in uno stabilimento, individuate per le loro caratteristiche di consumo in condizioni standard di funzionamento, da confrontarsi con le condizioni di funzionamento effettivo rilevate nel corso della Diagnosi Energetica
o Il censimento delle utenze energetiche presenti in uno stabilimento individuate per le loro caratteristiche di consumo in condizioni di utilizzo effettivo così come rilevate nel corso della Diagnosi Energetica
o Un software di modellazione che riproduce il comportamento dell'edificio dal punto di vista delle entrate-uscite energetiche, simulandone l'andamento delle temperature interne al variare della temperatura esterna e degli apporti gratuiti

La Diagnosi Energetica è:
o La procedura mirata alla conoscenza di Sistema Energetico individuando le opportunità di risparmio energetico
7. La procedura mirata all'identificazione ed analisi degli aspetti energetici e delle opportunità di risparmio energetico quantificando e riferendo delle stesse sotto il profilo costi/benefici
o La procedura mirata all'individuazione e qualificazione in termini tecnico-economici dell'azione a maggior risparmio energetico
o Una metodologia per censire tutte le utenze energetiche presenti, ed individuare le più critiche ed energivore

Nella pianificazione di una diagnosi energetica, dovrebbero essere individuati e realizzati per prima interventi che:
o Fanno ricorso a tecnologie energy-saving
o Recuperano energie disperse (es. Recuperi di calore)
o Razionalizzano la rete energetica interna di distribuzione
8. Presentano il massimo valore del Valore Attuale Netto

Il primo passo per il raggiungimento di qualunque obiettivo di razionalizzazione dei consumi di energia è la costituzione di:
o Una società ad hoc
o Un gruppo di lavoro specifico ed altamente qualificato
9. Bilanci e modelli energetici (elettrico e termico)
o Un gruppo di acquisto di energia sui mercati internazionali

Rientrano tra i dati con cui si costruisce un modello energetico:
o I nomi e i riferimenti dei responsabili di reparto
o Le risorse economiche distaccate per centro di costo
o Materie prime, pezzi prodotti e sfridi per ogni fase produttiva
10. Numero, potenza, tempi di inserzione dei diversi utilizzatori energetici

Qual è la frequenza ottimale di lettura di un dato di consumo?
o   Giornaliera, perché fornisce maggiore consistenza al dato rilevato
11. Dipende dalla struttura dei consumi e dalle finalità della valutazione
o   Mensile, perché è il periodo tipico per i report amministrativi e per il pagamento delle bollette
o   Variabile secondo le stagioni

L'analisi della combustione, ai fini di una diagnosi energetica, serve a:
12. Determinare il rendimento di combustione
o   Calcolare il consumo di combustibile
o   Determinare la quantità di sostanze inquinanti emesse in atmosfera
o   Calcolare la portata di fumi emessi

Nella nuova direttiva 2012/27/CE sull'efficienza energetica si richiede un ruolo esemplare degli edifici degli enti pubblici. In particolare ogni Stato membro garantisce che dal 1° gennaio 2014 sia ristrutturata ogni anno:
o   Il 3% della superficie coperta utile totale di tutti gli edifici riscaldati e/o raffreddati di proprietà del governo centrale e da essi occupati
o   Il 3% della superficie coperta totale degli edifici con una superficie coperta utile totale superiore a 500 m2 riscaldati e/o raffreddati di proprietà del governo centrale e da essi occupati
13. Il 3% della superficie coperta totale degli edifici con una superficie coperta utile totale superiore a 250 m2 riscaldati e/o raffreddati di proprietà del governo centrale e da essi occupati
o   Il 3% della superficie coperta utile totale degli edifici riscaldati e/o raffreddati di proprietà delle amministrazioni pubbliche e da essi occupati

Determinati i consumi energetici di stabilimento e verificati i volumi produttivi, come verrà utilizzato il coefficiente di efficienza energetica Consumo Energetico/Produzione (es. Xx tep/tonnellata)?

14. Verrà confrontato con i relativi coefficienti del settore o di aziende analoghe, per verificare che i consumi di stabilimento siano allineati

o Si verificherà che non superi il corrispondente valore di soglia stabilito dalla locale Camera di commercio

o Se al disotto di un certo valore, consentirà l'iscrizione all'albo di aziende efficienti certificate

o Se al disotto di un valore di soglia fissato dall'autorità per l'energia elettrica ed il gas, consentirà l'accesso privilegiato alla borsa dei titoli di efficienza energetica

Quali, tra le seguenti, sono le condizioni che presuppongono conveniente un intervento di risparmio energetico?

15. Contenuto costo del capitale

o Un medio-alto tempo di ammortamento del capitale investito

o Il basso costo dell'energia

o Bassa potenza del macchinario efficientato

6   LIBERALIZZAZIONE DEI MERCATI

6.1 Mercato elettrico

Il decreto legislativo del 16 marzo 1999, denominato decreto *Bersani*, introdusse in Italia la liberalizzazione del mercato elettrico ponendo fin al monopolio dell'unico gestore elettrico ENEL. Pone di fatto l'ingresso a veri e propri concorrenti *"grossisti" detti trader*. Inoltre il sistema elettrico assume una configurazione a filiera formata da:

16. Produzione di energia elettrica
17. Trasmissione e dispacciamento
18. Distribuzione
19. Vendita di energia elettrica ai clienti vincolati
20. Vendita di energia elettrica ai clienti idonei

La produzione di energia elettrica è affidata ad Enel ed ad altre società private in possesso di centrali elettriche.

La trasmissione e il dispacciamento dell'energia elettrica in alta e media tensione è gestita da TERNA, quest'ultima in borsa nel giugno del 2004. La gestione della rete di trasmissione e dispacciamento fu prima affidata al GRTN, ma successivamente assorbite da TERNA.

La vendita ai clienti vincolati, ossia quelli che si trovano nella stessa condizione prima della liberalizzazione, fu affidata all'Acquirente Unico.

Per i clienti idonei i contratti di vendita possono essere posti in forma di contratti bilaterali e attraverso la contrattazione alla Borsa Elettrica.

La gestione del mercato dell'energia elettrica è affidata al Gestore del Mercato Energetico *(GME)*

6.2 Mercato del gas

Il decreto legislativo del 23 maggio 2000 n. 164, che ha recepito la direttiva n. 98/30/CE del 28 giugno 1998, relativa a norme comuni per il mercato interno del gas naturale, denominato decreto Letta di fatto introduce la liberalizzazione delle attività nel settore del gas naturale.

Come per il settore elettrico la configurazione del mercato del gas assume una configurazione a *filiera* costituita dalle attività di:

- Importazione
- Trasporto
- Dispacciamento
- Distribuzione
- Vendita

L'approvvigionamento è la fase più a monte della filiera che comprende le attività volte al reperimento della materia prima necessaria per il soddisfacimento del fabbisogno energetico. Nei I paesi europei importano quasi 80% del loro fabbisogno energetico dai paesi extra UE. Tali contratti contengono vincoli di prelievo, dette "Take or Pay", che prevedono il pagamento di una quota minima indipendentemente dal volume di gas prelevato. I contratti di norma sono di lunga durata e prevedono prezzi indicizzati a panieri di beni sostituibili come il petrolio. Il trasporto è assicurato da due tipologie di infrastrutture:

- Nave
- Gasdotto

Il trasporto GNL o via mare è garantito dalle navi metaniere ed il gas subisce prima del traporto un processo di liquefazione. In fase di scarico il gas viene immesso nella rete di trasporto dopo aver subito il processo di *rigassificazione* in appositi terminali.

La vendita del gas nel mercato italiano è stata completata nel attraverso una maggior concorrenzialità attraverso il Decreto Legislativo 93/11 di recepimento del c.d. "Terzo Pacchetto Energia", il Decreto Legislativo 13 agosto 2010, n.130 (c.d. "Decreto stoccaggi") e l'avvio del bilanciamento di merito economico. Il mercato in cui gli operatori sono abilitati ad effettuare transazioni è gestito dal Gestore del Mercato Energetico *(GME)*

Il responsabile del servizio di misura dell'energia elettrica prodotta è:
1. Il gestore di rete, per impianti di potenza nominale non superiore a 20 kW
o Il gestore di rete, per impianti di potenza nominale superiore a 20 kW
o Il produttore, per impianti di potenza nominale non superiore a 20 kW
o TERNA per impianti di potenza nominale superiore a 20 kW

Il bilanciamento è il servizio svolto dal Gestore della rete nazionale per consentire il mantenimento dell'equilibrio tra immissioni e prelievi di energia elettrica sulla rete nazionale. Tale Gestore è:
o Autorità
o ENEA
o GSE
2. Terna

Quale di questi organi non ha alcuna connessione con il mercato del gas naturale?
o Autorità per l'Energia Elettrica e il Gas
o Gestore Mercato Elettrico
o Ministero dello Sviluppo Economico
3. Acquirente Unico

---

[6] Quesiti fonte SECEM

La Cassa Conguaglio per il settore elettrico:

o E' l'organismo garante dell'emanazione delle fatture di conguaglio di fine anno da parte dei distributori di energia elettrica al dettaglio

o Riscuote, gestisce ed eroga prestazioni patrimoniali imposte dall'autorità per l'energia elettrica ed il gas

o Gestisce le entrate economiche derivanti dalle penali irrogate agli utenti finali che incorrono in superi di potenza

4. E' l'ente che deve garantire la fruibilità e la diffusione dei servizi energetici in modo omogeneo sull'intero territorio nazionale, definendo un sistema tariffario certo, trasparente e basato su criteri predefiniti

Con il decreto legislativo n.79 del 16 marzo 1999:

5. Ha inizio il processo di liberalizzazione del mercato elettrico

o Ha inizio il processo di liberalizzazione del mercato del gas naturale

o Vengono attuati cambiamenti sul processo di incentivazione delle fonti rinnovabili

o Viene istituita l'Autorità per l'Energia Elettrica e il Gas

La produzione di energia elettrica in Italia è una attività:

6. Libera

o Svolta in regime di monopolio

o Soggetta a nulla osta della ASL

o Da concordarsi preventivamente in sede europea

Quale è il parametro che dà indicazioni sull'energia reattiva ritirata?

o I kilowattora attivi ritirati

7. Il $\cos \varphi$

o I kW impegnati con l'impresa distributrice

o La caduta di tensione tra il punto di consegna e l'utilizzatore più distante

A cosa serve il calcolo costi esterni della produzione di energia?
o Determinare il prezzo di vendita dell'energia
o A determinare la spesa per i sistemi di abbattimento delle emissioni gassose
o A confrontare tecnologie diverse
8. A determinare l'impatto ambientale di una tecnologia utilizzata per la produzione dell'energia

La clausola "take or pay" nei contratti di acquisto di gas naturale significa che:
o Il produttore impone una soglia di prezzo minimo da corrispondersi in ogni caso per ogni metro cubo di gas trasferito all'acquirente
o La tariffa ha una caratteristica binomia: una quota va pagata per il gas fisicamente trasferito (take), una parta copre gli oneri fissi (pay)
9. L'acquirente è tenuto a corrispondere comunque il prezzo di una quantità minima di gas prevista dal contratto, anche nell'eventualità che non ritiri tale gas
o Se la fornitura viene interrotta per un periodo contrattualmente individuato, l'acquirente non può invocare penali, ma dovrà in ogni caso pagare il gas acquisito

Fra i compiti specifici in capo all'Autorità per l'Energia Elettrica ed il Gas figurano:
o Qualificazione degli impianti di cogenerazione ad alto rendimento
o L'organizzazione e la gestione economica del mercato elettrico
o Emanazione di norme per l'esecuzione di attività di energy management in imprese distributrici
10. Controllo delle condizioni di svolgimento dei servizi pubblici, con adeguati poteri di ispezione, accesso e sanzione

Quali attività della filiera del gas naturale sono attività regolate dall'autorità per l'Energia Elettrica ed il Gas?
o L'importazione e lo stoccaggio
o Lo stoccaggio e la produzione
o La distribuzione, la vendita e l'importazione
11. Il trasporto, lo stoccaggio e la distribuzione

Nella rete di distribuzione possibili problemi che si incontrano riguardano i cavi elettrici. Cosa è la caduta di tensione?
o è la differenza di potenziale tra due cabine di trasformazione
o è la differenza di tensione tra due punti sul traliccio
12. è la differenza di potenziale tra due punti qualsiasi di un conduttore attraverso il quale circola corrente
o è la differenza di conduzione tra il conduttore e la terra

In riferimento al regime sinusoidale di una rete elettrica, si definisce periodo:
13. Il tempo impiegato da un'onda di tensione o di corrente perché riassuma gli stessi valori
o Il tempo impiegato da un'onda di tensione o di corrente perché dal valore massimo assuma valore nullo
o L'angolo tra il vettore corrente ed il vettore tensione
o Il tempo impiegato dalla rete per raggiungere il valore Vcc sotto carico in regime transitorio

Come si chiama la sessione del mercato elettrico a cui possono partecipare tutti gli operatori:
o Mercato degli Ultimi Giorni
14. Mercato del Giorno Prima
o Mercato del Giorno Dopo
o Mercato di riallineamento

Se i prezzi dell'energia elettrica vengono definiti con il System Marginal Price, ciò significa che tutti gli operatori vengono remunerati al prezzo marginale, pari a:
o   Il prezzo da lui offerto
o   La media di tutti i prezzi offerti

15. Il prezzo dell'offerta di vendita più costosa accettata per soddisfare la domanda
o   Il prezzo dell'ultima offerta selezionata, a prescindere dal prezzo precedentemente offerto dal singolo operatore

Qual è l'attività dei grossisti?

16. Acquisto e vendita di energia elettrica senza esercitare attività di produzione e distribuzione
o   Intermediazione nel campo della produzione/vendita di energia elettrica
o   Acquisto di energia elettrica esclusivamente da produttori esteri e vendita esclusiva ad utenti nazionali
o   Acquisizione dell'eccesso di produzione da produttori nazionali e vendita ad utenti convenzionati

Dal 1 Luglio 2007 in Italia tutti i clienti del sistema elettrico sono considerati:

17. Idonei, e possono acquistare l'energia sul mercato libero
o   Idonei, ma possono acquistare energia solo da distributori accreditati in un apposito elenco ministeriale
o   Vincolati all'acquisto di forniture pluriennali
o   Vincolati ad un unico acquirente in media tensione

Quale componente del prezzo del gas naturale è regolata dall'Autorità per l'Energia Elettrica e il Gas?

18. Tariffa di stoccaggio
o   Addizionali locali
o   Accisa
o   Componente di estrazione

Le fasce orarie attualmente deliberate dall'Autorità per l'energia elettrica ed il gas (del. 181/06) sono in numero di:

- o 2
- 19. 3
- o 4
- o 6

Il decreto che ha liberalizzato il mercato del gas naturale in Italia è conosciuto come:

- o Decreto Ronchi
- o Decreto Bersani
- o Decreto Milleproroghe
- 20. Decreto Letta

Quale provvedimento normativo ha dato avvio al mercato elettrico in Italia?

- o Il Decreto legislativo 23/5/2000 n. 164 (c.d. "Decreto Letta")
- o La Legge n. 239 del 23/8/2004 (c.d. "Legge Marzano")
- 21. Il Decreto Legislativo n° 79 del 16/3/1999 (c.d. "Decreto Bersani)
- o La legge finanziaria 23/12/1999 n. 488

Cosa si intende per "unbundling" del settore del gas naturale?

- o Frazionamento, spartizione del mercato del gas tra le diverse aziende presenti in Italia dall'avvio della liberalizzazione
- 22. Concessione di alcune delle attività dell'azienda ex monopolista alle altre operanti nel nuovo mercato libero
- o Scorporo, frazionamento delle singole attività gestite da un'azienda, di solito l'ex monopolista, per ridurre la sua influenza sul mercato
- o Scorporo del settore del gas naturale da quello dell'energia elettrica

A cosa serve il calcolo costi esterni della produzione di energia?
- o Determinare il prezzo di vendita dell'energia
- o A determinare la spesa per i sistemi di abbattimento delle emissioni gassose
- o A confrontare tecnologie diverse
- 23. A determinare l'impatto ambientale di una tecnologia utilizzata per la produzione dell'energia

Per attività di dispacciamento dell'energia elettrica si intende:
- o la gestione dei flussi di energia elettrica e determinazione del prezzo orario dell'energia venduta nella borsa elettrica
- o la gestione delle manutenzioni della rete di trasmissione in alta e altissima tensione sia di interconnessione tra le diverse zone nazionali sia con i paesi confinanti
- 24. la gestione istantanea dei flussi di energia elettrica in modo che l'offerta e la domanda siano in equilibrio per garantire la continuità e la sicurezza della fornitura del servizio
- o l'attività di trasmissione in alta e altissima tensione e misura dei flussi di energia elettrica

Un cabina MT di connessione alla rete è di solito composta da:
- o Almeno due trasformatori, di cui uno di riserva (per legge)
- 25. Tre locali (consegna, misura, cliente)
- o Tre interruttori differenziali (ID) uno per ogni fase
- o Due centraline di rifasamento, una lato rete ed una lato cliente

Il servizio finalizzato al mantenimento dell'equilibrio tra immissioni e prelievi di energia elettrica, con i necessari margini di riserva è garantito dal:
- 26. Sistema di dispacciamento
- o Sistema di trasmissione
- o Centro nazionale di controllo
- o Servizio di misura

Il costo del trasporto dell'energia elettrica, a parità di consumo e di prelievo massimo di potenza, è:

o invariante rispetto alla localizzazione del consumatore e dalla tipologia di contratto di fornitura ma dipendente dal livello di tensione

27. invariante rispetto alla localizzazione del consumatore ma dipendente dal livello di tensione e dalla tipologia di contratto di fornitura

o dipendente dalla localizzazione del consumatore rispetto alle linee di interconnesione con l'estero, dal livello di tensione e dalla tipologia di contratto di fornitura

o dipendente dalla localizzazione del consumatore rispetto alle linee di interconnesione con l'estero, dal livello di tensione ma non dalla tipologia di contratto di fornitura

Cos'è la protezione catodica di un gasdotto?

o Una tecnica per la messa a terra e la conseguente protezione dai cortocircuiti

o Una tecnica per la protezione dalle scariche atmosferiche

o Una tecnica per il contenimento dell'induttanza chilometrica

28. Una tecnica di protezione dalla corrosione

Quali sono le principali attività di TERNA S.p.A.?

o Si occupa dello sviluppo, promozione e incentivazione delle fonti rinnovabili

o Definisce le regole del mercato elettrico attraverso l'emanazione di delibere ad hoc

o Organizza e gestisce il mercato elettrico italiano

29. Gestisce la Rete di Trasmissione Nazionale, di cui è proprietaria, ed è responsabile del dispacciamento

Il responsabile del servizio di misura dell'energia elettrica prodotta è:
30. Il gestore di rete, per impianti di potenza nominale non superiore a 20 kW
o Il gestore di rete, per impianti di potenza nominale superiore a 20 kW
o Il produttore, per impianti di potenza nominale non superiore a 20 kW
o TERNA per impianti di potenza nominale superiore a 20 kW

Nel mercato vincolato le voci che non fanno parte della tariffa della bolletta elettrica sono:
o Oneri generali A
o Componenti UC
o Trasmissione – TRAS
31. Oneri di allacciamento

Nel mercato libero le voci che non fanno parte della tariffa della bolletta elettrica sono:
o Prezzo di fornitura
o Componenti A
32. Oneri contrattuali
o Componenti UC

Il trasporto e la distribuzione dell'energia elettrica sulla rete nazionale genera nel sistema perdite di energia quantificabili in Bassa, Media ed Alta tensione in quali delle seguenti misure?
o BT = 5.0% MT = 3.0% AT = 1.0%
o BT = 15.8% MT = 10.8% AT = 7.5%
o BT = 2.5% MT = 5.1% AT = 10.8%
33. BT = 10.4% MT = 4.7% AT = 1.8%

Le componenti "a copertura dei costi sostenuti nell' interesse generale e degli oneri generali afferenti al sistema elettrico", come vengono indicate?
o Componenti X,Y e Z
o Componenti di serie
34. Componenti A e UC
o Componenti erariali 1, 2 e 3

Il recupero dell'accisa sull'energia elettrica consumata:
o non è mai possibile
o è possibile solo su impianti che producono energia da fonti rinnovabili
35. è possibile per l'energia impiegata per la realizzazione di prodotti sul cui costo finale incida per oltre il 50%
o è possibile per l'energia prodotta da fonti rinnovabili con potenza fino a 20 kW ed impiegata per la realizzazione di prodotti sul cui costo finale incida per oltre il 50%

7   GESTORE DEI MERCATI

7.1 Gestore dei Mercati Energetici

Il Gestore dei Mercati Energetici S.p.A. (*GME*) è una società costituita ai sensi dell'articolo 5, comma 1, del decreto legislativo 16 marzo 1999 n. 79 ed interamente partecipata dal Gestore dei Servizi Energetici - GSE S.p.A. (ex Gestore della Rete di Trasmissione Nazionale S.p.A.), società, quest'ultima, a sua volta interamente partecipata dal Ministero dell'Economia e delle Finanze. E' affidata l'organizzazione e la gestione economica del mercato elettrico e del gas, secondo criteri di neutralità, trasparenza, obiettività e concorrenza tra produttori e che assicura, inoltre, la gestione economica di un'adeguata disponibilità della riserva di potenza. Il mercato elettrico, comunemente indicato come "borsa elettrica italiana", consente a produttori, consumatori e grossisti di stipulare contratti orari di acquisto e vendita di energia elettrica. Su una piattaforma telematica si svolgono le transazioni per la conclusione on-line dei contratti di acquisto e di vendita di energia elettrica.

Il mercato elettrico a pronti MPE è articolato:

a) mercato dei prodotti giornalieri (*MPEG*) dove gli operatori possono vendere/acquistare energia elettrica

b) mercato del giorno prima (*MGP*) dove i produttori, i grossisti ed i clienti finali idonei possono vendere/acquistare prodotti orari di energia elettrica per il giorno successivo

c) mercato infragiornaliero (*MI*) dove i produttori, i grossisti ed i clienti finali possono modificare i programmi di immissione/prelievo determinati su MGP

d) mercato per il servizio di dispacciamento (*MSD*), sul quale Terna S.p.A. si approvvigiona dei servizi di dispacciamento necessari alla gestione ed al controllo del sistema elettrico. Il MSD si articola in fase di programmazione (MSD ex-ante) e Mercato del Bilanciamento (*MB*). Terna è controparte centrale delle transazioni concluse sul MSD.

Infine il mercato a termine dell'energia elettrica con obbligo di consegna e ritiro dove gli operatori possono vendere/acquistare forniture future di energia elettrica.

Nell'ambito dell'organizzazione e gestione economica del mercato elettrico, al GME è affidata, inoltre, l'organizzazione delle sedi di contrattazione dei *certificati verdi* (attestanti la generazione di energia da fonti rinnovabili) e dei *titoli di efficienza energetica* (cosiddetti "certificati bianchi", attestanti la realizzazione di politiche di riduzione dei consumi energetici).

Il GME organizza e gestisce, ai sensi della Deliberazione ARG/elt 104/11, recante "Condizioni per promuovere la trasparenza dei contratti di vendita ai clienti finali di energia elettrica prodotta da fonti rinnovabili", i sistemi di scambio delle garanzie di origine, che comprendono il mercato organizzato (*M-GO*) e la piattaforma per la registrazione delle transazioni bilaterali (*PB-GO*).

Al GME è stata affidata anche l'organizzazione e la gestione economica, in esclusiva, dei mercati del gas naturale, che si articolano nella Piattaforma per la negoziazione del gas naturale (P-GAS), nel Mercato del gas (*M-GAS*) e nella Piattaforma per il bilanciamento del gas naturale *(PB-GAS)*. Dal 2 settembre 2013 il GME ha assunto anche la gestione mercati a termine fisici del gas naturale.

Con il D.lgs. 31 dicembre 2012 n. 249, al GME è stata inoltre assegnata la costituzione, organizzazione e gestione di una piattaforma di mercato per l'incontro tra domanda e offerta di logistica petrolifera

48

di oli minerali, nonché la relativa attività di raccolta dei dati inerenti alla capacità di stoccaggio di oli minerali.

7.2.1 Esempi quesiti di esame[7] e risposte

Quale tra le seguenti definizioni definisce più appropriatamente le attività del Gestore del Mercato Elettrico (GME)?:
- o Promuovere lo sviluppo delle fonti rinnovabili mediante l'erogazione e la gestione di strumenti di incentivazione
- o Garantire la promozione della concorrenza e dell'efficienza nei settori dell'energia elettrica, del gas e delle FER
1. Stimolare la concorrenza nelle attività di produzione e vendita di energia elettrica e favorire la massima efficienza nella gestione del dispacciamento dell'energia elettrica
- o Assegnare ogni anno le concessioni per il servizio di trasmissione e dispacciamento dell'energia sull'intero territorio nazionale

Tra le attività del GME rientrano anche le seguenti:
- o promuovere lo sviluppo delle fonti rinnovabili mediante l'erogazione e la gestione di strumenti di incentivazione
- o garantire la promozione della concorrenza e dell'efficienza nei settori dell'energia elettrica, del gas e delle FER
2. stimolare la concorrenza nelle attività di produzione e vendita di energia elettrica e favorire la massima efficienza nella gestione del dispacciamento dell'energia elettrica
- o assegnare ogni anno le concessioni per il servizio di trasmissione e dispacciamento dell'energia sull'intero territorio nazionale

---

[7] Quesiti fonte SECEM

Fra i compiti specifici in capo al GME figurano:
o Svolgimento delle attività di compravendita dell'energia CIP 6 e di emissione e verifica del meccanismo dei certificati verdi
o Organizzazione e la gestione economica della rete di distribuzione
3. L'organizzazione delle sedi di contrattazione dei certificati verdi, dei titoli di efficienza energetica e delle unità di Emissione di anidride carbonica
o Il ruolo di garante della fornitura di energia elettrica alle famiglie e alle piccole imprese

La funzione di "garantire ai clienti vincolati la disponibilità della capacità produttiva necessaria ad assicurare la fornitura di energia elettrica in condizioni di continuità , sicurezza ed efficienza del servizio nonché di parità del trattamento, anche tariffario" secondo quanto sancito dal D.Lgs. N. 79 del 16.03.1999 (Decreto Bersani), è affidata:
4. All'acquirente unico
o Ai gestore del mercato dell'energia elettrica
o Ai mercato libero
o All'ENEL Distribuzione

Quale è l'unità di tempo (detta periodo rilevante) che sta alla base del mercato elettrico:
o Il minuto
5. L'ora
o Il giorno
o La settimana

7.3 Gestore dei Servizi Energetici

Il GSE è la società di che supporta il Ministero dello Sviluppo Economico per la promozione dello sviluppo sostenibile attraverso la qualifica tecnico-ingegneristica e la *verifica degli impianti a fonti rinnovabili e di cogenerazione ad alto rendimento*. Nello specifico di quest'ultimo riconosce gli incentivi per l'energia elettrica prodotta e immessa in rete da tali impianti. E' il secondo operatore nazionale per energia intermediata: ritira e colloca sul mercato elettrico l'energia prodotta dagli impianti incentivati e certifica la provenienza da fonti rinnovabili dell'energia elettrica immessa in rete.

La Società, inoltre, *valuta e certifica i risparmi conseguiti dai progetti di efficienza* energetica nell'ambito del meccanismo dei certificati bianchi, anche noti come *"Titoli di Efficienza Energetica"* (TEE), e promuove la produzione di energia termica da fonti rinnovabili (Conto Termico).

In sintesi si occupa di:

- Incentivare la produzione di energia da fonti rinnovabili
- Ritiro e vendita dell'energia elettrica ritirata
- Erogazione di studi e consulenze e servizi specialistici alle Istituzioni e alla Pubblica Amministrazione
- Incentivare l'efficienza energetica e la produzione di energia termica da fonti rinnovabili

Il GSE come capogruppo nell'ambito della sua missione controlla le società:

- Acquirente Unico S.p.A.
- Gestore dei mercati energetici S.p.A.
- Ricerca sul sistema energetico – RSE S.p.A.

In sintesi i temi affrontati e trattati dal GSE possono essere riassunti come di seguente:

- Tariffe incentivanti
- Scambio sul posto
- Ritiro dedicato
- Qualifiche SEU-SEESEU
- FER Elettriche
- Efficienza energetica
- Conto Termico
- Certificato bianchi
- Biocarburanti
- Aste CO_2

Inoltre il GSE intrattiene collaborazioni e partecipazioni internazionali per studi, ricerche ed è coinvolto in numerosi progetti internazionali finanziati dall'Unione Europea in materia di energia.

Dal 6 luglio 2013 il Conto Energia, nato come programma di incentivazione in conto esercizio della produzione di energia elettrica da impianti fotovoltaici connessi alla rete non è più accessibile. Questa forma di incentivazione continua ad essere riconosciuta agli impianti che hanno avuto accesso al meccanismo.

Hanno potuto beneficiare del Conto Energia le persone fisiche, le persone giuridiche, i soggetti pubblici, gli enti non commerciali e i condomini di unità abitative e/o di edifici.

Il *Conto Energia* è stato introdotto in Italia con la Direttiva comunitaria per le fonti rinnovabili (Direttiva 2001/77/CE), recepita con l'approvazione del Decreto legislativo 387 del 2003. Questo meccanismo, che premia con tariffe incentivanti l'energia prodotta dagli impianti fotovoltaici per un periodo di 20 anni.

Il *Secondo Conto Energia*, emanato con D.M del 19/02/2007, introduceva nuovi criteri per incentivare la produzione elettrica degli impianti fotovoltaici entrati in esercizio fino al 31 dicembre 2010. Le novità introdotte erano l'applicazione della tariffa incentivante su tutta l'energia prodotta e non solamente su quella prodotta e consumata in loco, lo snellimento delle pratiche burocratiche per l'ottenimento delle tariffe incentivanti e la differenziazione delle tariffe sulla base del tipo di integrazione architettonica, oltre che della taglia dell'impianto. Veniva, inoltre, introdotto un premio per impianti fotovoltaici abbinati all'uso efficiente dell'energia.

Il *Terzo Conto Energia* (D.M. 6 agosto 2010), applicabile agli impianti entrati in esercizio a partire dal primo gennaio 2011 e fino al 31 maggio 2011, che ha definito le seguenti categorie di impianti: impianti fotovoltaici (suddivisi in "impianti su edifici" o "altri impianti fotovoltaici");

impianti fotovoltaici integrati con caratteristiche innovative

impianti fotovoltaici a concentrazione

impianti fotovoltaici con innovazione tecnologica

La legge 13 agosto 2010, n.129 (legge cosiddetta "salva Alcoa") ha stabilito che le tariffe incentivanti previste per il 2010 dal Secondo Conto Energia possano essere riconosciute a tutti i soggetti che abbiano concluso l'installazione dell'impianto fotovoltaico entro il 31 dicembre 2010 e che entrino in esercizio entro il 30 giugno 2011. Il D.M. 05/05/2011 pubblicato il 12 maggio 2011 ed entrano in esercizio dopo il 31 maggio 2011 (*Quarto Conto Energia*) ha definito il meccanismo di incentivazione della produzione di energia elettrica da impianti fotovoltaici riguardante gli impianti.

Il D.M. 5 luglio 2012, cosiddetto Quinto Conto Energia, ridefinisce le modalità di incentivazione per la produzione di energia elettrica da fonte fotovoltaica.

Il *Quinto Conto Energia* cesserà di applicarsi decorsi 30 giorni solari dalla data in cui si raggiungerà un costo indicativo cumulato degli incentivi di 6,7 miliardi di euro l'anno (comprensivo dei costi impegnati dagli impianti iscritti in posizione utile nei Registri), che sarà comunicata dall'AEEG - sulla base degli elementi forniti dal GSE. Fino al 31/12/2012 gli incentivi in conto energia potevano cumularsi con incentivi in conto capitale come sotto indicato:

- Con limitazione di potenza (W)
- Su edifici per impianti con potenza non superiore a 20 kW i quali hanno ricevuto contributi in conto capitale fino al 30% del costo dell'investimento
- Senza limitazione di potenza (W)
- Su scuole pubbliche o paritarie di qualunque ordine e grado ed il cui Soggetto Responsabile sia la scuola ovvero il soggetto proprietario dell'edificio scolastico, nonché su strutture sanitarie pubbliche e su superfici ed immobili di strutture militari e penitenziarie, ovvero su superfici e immobili e loro pertinenze di proprietà di enti locali o di Regioni e Province autonome, qualora il contributo in conto capitale non super il 60% del costo dell'investimento
- Su edifici pubblici diversi da quelli di cui alle lettere a) e b), ovvero su edifici di proprietà di organizzazioni riconosciute non lucrative di utilità sociale che provvedono alla prestazione di servizi sociali affidati da enti locali, e il cui Soggetto Responsabile sia l'ente pubblico o l'organizzazione non lucrativa di utilità sociale qualora il contributo in conto capitale non supera il 30% del costo dell'investimento
- Su aree oggetto di interventi di bonifica, ubicate all'interno di siti contaminati come definiti all'art. 240, del Decreto legislativo 3 aprile 2006, n. 152 e successive modificazioni o integrazioni, purché il Soggetto Responsabile

dell'impianto assuma la diretta responsabilità delle preventive operazioni di bonifica e qualora i contributi in conto capitale non superino il 30% del costo dell'investimento, non cumulabile con la maggiorazione del 5% di cui all'articolo 14 comma 1, lettera a) del Decreto

- Impianti fotovoltaici integrati con caratteristiche innovative qualora il contributo in conto capitale non super il 30% del costo dell'investimento
- Impianti fotovoltaici a concentrazione se il contributo in conto capitale è fino al 30% del costo dell'investimento
- Per qualsiasi impianto fotovoltaico che abbia ottenuto finanziamenti a tasso agevolato erogati in attuazione dell'art. 1, comma 1111, della legge 27 dicembre 2006, n. 296
- Per qualsiasi impianto fotovoltaico che abbia ottenuto benefici conseguenti all'accesso a fondi di garanzia e rotazione istituiti da enti locali o Regioni e Province autonome

Dal 1/1/2013 si applicano le condizioni di cumulabilità come stabilito dal art.26 del D.Lgs. 28 del 2011 come di seguito riportato:

"Art. 26 (Cumulabilità degli incentivi)

1. Gli incentivi di cui all'articolo 24 non sono cumulabili con altri incentivi pubblici comunque denominati, fatte salve le disposizioni di cui ai successivi commi.

2. Il diritto agli incentivi di cui all'articolo 24, comma 3, è cumulabile, nel rispetto delle relative modalità applicative:

a) con l'accesso a fondi di garanzia e fondi di rotazione;

b) con altri incentivi pubblici non eccedenti il 40 per cento del costo dell'investimento, nel caso di impianti di potenza elettrica fino a 200 kW, non eccedenti il 30 per cento, nel caso di impianti di potenza elettrica fino a 1 MW, e non eccedenti il 20 per cento, nel caso di impianti di potenza fino a 10 MW, fatto salvo quanto previsto alla lettera c); per i soli impianti fotovoltaici realizzati su scuole pubbliche o paritarie di qualunque ordine e grado ed il cui il soggetto responsabile sia la scuola ovvero il soggetto proprietario dell'edificio scolastico, nonché su strutture sanitarie pubbliche, ovvero su edifici che siano sedi amministrative di proprietà di regioni, province autonome o enti locali, la soglia di cumulabilità è stabilita fino al 60 per cento del costo di investimento;

c) per i soli impianti di potenza elettrica fino a 1 MW, di proprietà di aziende agricole o gestiti in connessione con aziende agricole, agro-alimentari, di allevamento e forestali, alimentati da biogas, biomasse e bioliquidi sostenibili, a decorrere dall'entrata in esercizio commerciale, con altri incentivi pubblici non eccedenti il 40% del costo dell'investimento;

d) per gli impianti di cui all'articolo 24, commi 3 e 4, con la fruizione della detassazione dal reddito di impresa degli investimenti in macchinari e apparecchiature;

e) per gli impianti cogenerativi e trigenerativi alimentati da fonte solare ovvero da biomasse e biogas derivanti da prodotti agricoli, di allevamento e forestali, ivi inclusi i sottoprodotti, ottenuti nell'ambito di intese di filiera o contratti quadro ai sensi degli articoli 9 e 10 del decreto legislativo 27 maggio 2005, n. 102, oppure di filiere corte, cioè ottenuti entro un raggio di 70 chilometri dall'impianto che li utilizza per produrre energia elettrica, a decorrere dall'entrata in esercizio commerciale, con altri incentivi pubblici non eccedenti il 40% del costo dell'investimento.

3. Il primo periodo del comma 152 dell'articolo 2 della legge 24 dicembre 2007, n. 244, non si applica nel caso di fruizione della detassazione dal reddito di impresa degli investimenti in macchinari e apparecchiature e di accesso a fondi di rotazione e fondi di garanzia."

7.3.2 Ritiro e Scambio

Il ritiro dedicato è una modalità semplificata a disposizione dei produttori per la vendita dell'energia elettrica immessa in rete, in alternativa ai contratti bilaterali o alla vendita diretta in borsa. Consiste nella cessione dell'energia elettrica immessa in rete al Gestore dei Servizi Energetici (GSE), che provvede a remunerarla, corrispondendo al produttore un prezzo per ogni kWh ritirato. Il ruolo di quest'ultimo è di:

- soggetto che ritira commercialmente l'energia elettrica dai produttori aventi diritto e la rivende sul mercato elettrico;
- utente del dispacciamento in immissione e utente del trasporto in immissione in relazione alle unità di produzione nella disponibilità dei produttori;

- interfaccia unica, in sostituzione del produttore, verso il sistema elettrico tanto per la compravendita di energia quanto per i principali servizi connessi.

Si può richiedere per gli impianti alimentati da fonti rinnovabili e non rinnovabili che rispondano alle seguenti condizioni:

- potenza apparente nominale inferiore a 10 MVA alimentati da fonti rinnovabili, compresa la produzione imputabile delle centrali ibride;
- potenza qualsiasi per impianti che producano energia elettrica dalle seguenti fonti rinnovabili: eolica, solare, geotermica, del moto ondoso, mareomotrice, idraulica (limitatamente agli impianti ad acqua fluente);
- potenza apparente nominale inferiore a 10 MVA alimentati da fonti non rinnovabili, compresa la produzione non imputabile delle centrali ibride;
- potenza apparente nominale uguale o superiore a 10 MVA, alimentati da fonti rinnovabili diverse dalla fonte eolica, solare, geotermica, del moto ondoso, maremotrice e idraulica, limitatamente, per quest'ultima fonte, agli impianti ad acqua fluente, purché nella titolarità di un auto produttore.

Il prezzo con cui il GSE valorizza l'energia prelevata si differenzia in funzione della taglia dell'impianto:

a) impianti di potenza nominale elettrica fino a 1 MW, possono ricevere dal GSE una remunerazione garantita (i cosiddetti **"prezzi minimi garantiti"**) per i primi 2 milioni di kWh annui immessi in rete, senza pregiudicare la possibilità di ricevere di più nel caso in cui la remunerazione a prezzi orari zonali dovesse risultare più vantaggiosa. I prezzi minimi garantiti sono aggiornati annualmente dall'Autorità per l'energia elettrica e il gas (AEEG).

b) Per tutti il resto degli impianti ad esclusione quelli del comma a, viene riconosciuto il "prezzo medio zonale orario",

Lo *scambio sul posto*, regolato dalla Delibera 570/2012/R/efr, è una particolare modalità di valorizzazione dell'energia elettrica che consente, al Produttore, di realizzare una specifica forma di autoconsumo immettendo in rete l'energia elettrica prodotta ma non direttamente auto consumata, per poi prelevarla in un momento differente da quello in cui avviene la produzione. Inoltre è compito del GSE erogare il contributo in conto scambio (CS), che garantisce il rimborso ("ristoro") di una parte degli oneri sostenuti dall'utente per il prelievo di energia elettrica dalla rete. Lo scambio sul posto è erogato:

a) al cliente finale presente all'interno di un "Altro Sistema Semplice di Produzione e Consumo" (**c.d. ASSPC**) che sia contestualmente anche un produttore di energia elettrica dagli impianti di produzione che costituiscono l'ASSPC a condizione che;

  1. l'utente deve essere controparte del contratto di acquisto dell'energia elettrica prelevata sul punto di scambio;
  2. la potenza complessiva installata nell'ASSPC da impianti di produzione alimentati da fonti rinnovabili entrati in esercizio fino al 31 dicembre 2007 non deve superare i 20 kW;
  3. la potenza complessiva installata nell'ASSPC da impianti di produzione alimentati da fonti rinnovabili entrati in esercizio fino al 31 dicembre 2014 non deve superare i 200 kW;
  4. la potenza complessiva installata nell'ASSPC da impianti di cogenerazione ad alto rendimento non deve superare i 200 kW;
  5. la potenza complessiva degli impianti di produzione nell'ASSPC non deve superare i 500 kW.

b) al cliente finale titolare di un insieme di punti di prelievo ed immissione non necessariamente tra essi coincidenti che, al tempo stesso, sia produttore di energia elettrica in relazione agli impianti di produzione connessi per il tramite dei suddetti punti (c.d. scambio sul posto altrove) a condizione di rientrare nei requisiti sotto riportati;

  1. l'utente deve essere controparte del contratto di acquisto dell'energia elettrica prelevata tramite tutti i punti di prelievo compresi nella convenzione;
  2. l'utente è un Comune titolare degli impianti, con popolazione fino a 20.000 residenti (o un soggetto terzo mandatario) o il Ministero della Difesa (o un soggetto terzo mandatario);

3. gli impianti di produzione dovranno essere alimentati esclusivamente da fonti rinnovabili;

4. la potenza complessiva installata dagli impianti entrati in esercizio fino al 31 dicembre 2007, in un punto di connessione ricompreso nella convenzione, non deve superare i 20 kW;

5. la potenza complessiva installata dagli impianti entrati in esercizio fino al 31 dicembre 2014, in un punto di connessione ricompreso nella convenzione, non deve superare i 200 kW;

6. la potenza complessiva installata da impianti di produzione per ciascun punto di connessione ricompreso nella convenzione non deve superare i 500 kW.

7.3.3 Conto Termico

Il DM 28/12/12 (il c.d. decreto "*Conto Termico*") dà attuazione al regime di sostegno introdotto dal decreto legislativo 3 marzo 2011, n. 28 per l'incentivazione di interventi di piccole dimensioni per l'incremento dell'efficienza energetica e per la produzione di energia termica da fonti rinnovabili ed introduce incentivi per la Diagnosi Energetica e la Certificazione Energetica. In particolare gli incentivi, *erogati in rate annuali in 2 e 5 anni*, sono previsti per interventi di efficientamento dell'involucro di edifici esistenti (sostituzione di serramenti e chiusure trasparenti, schermature solari, coibentazioni di superfici opache verticali e orizzontali), sostituzione di impianti esistenti per la climatizzazione invernale (sostituzione di caldaie tradizionali con caldaie a condensazione) o nuova installazione di impianti alimentati a fonti rinnovabili (pompe di calore, caldaie, stufe e camini a biomassa, impianti solari termici anche abbinati a tecnologia solar cooling per la produzione di freddo). Le tipologie di soggetti ammessi la Pubblica Amministrazione per tutti gli interventi appena descritti. Mentre per i soggetti privati, intesi come persone fisiche e giuridiche titolari di reddito di impresa o agrario sono ammessi solo interventi di piccoli dimensioni relativi a impianti per la produzione di energia termica da fonti rinnovabili e sistemi ad alta efficienza (pompe di calore, caldaie, stufe e camini a biomassa, impianti solari termici anche abbinati a tecnologia solar cooling per la produzione di freddo).

L'incentivo è concesso per gli interventi che non accedono ad altri incentivi statali, ad eccezione dei fondi di garanzia, dei fondi di rotazione e dei contributi in conto interesse.
Limitatamente agli edifici pubblici ad uso pubblico, gli incentivi previsti dal DM 28/12/12 sono cumulabili con gli incentivi in conto capitale, nel rispetto della normativa comunitaria e nazionale.
Per la P.A. la modalità di accesso agli incentivi diretta o su prenotazione. Mentre i soggetti privati fruiscono solo dell'accesso diretto.
Il 31 maggio del 2016 entra in vigore il "Conto Termico 2.0" che introduce un ampliamento della modalità di accesso e dei soggetti ammessi (cooperative di abitanti, società in house) ed introduce nuovi interventi di efficienza energetica. Il Conto Termico 2.0 incentiva nei limiti sotto richiamati gli interventi:

- fino al 65% della spesa sostenuta per gli "Edifici a energia quasi zero" (nZEB);
- fino al 40% per gli interventi di isolamento di muri e coperture, per la sostituzione di chiusure finestrate, per l'installazione di schermature solari, l'illuminazione di interni, le tecnologie di building automation, le caldaie a condensazione;
- fino al 50% per gli interventi di isolamento termico nelle zone climatiche E/F e
- fino al 55% nel caso di isolamento termico e sostituzione delle chiusure finestrate, se abbinati ad altro impianto (caldaia a condensazione, pompe di calore, solare termico, ecc.);
- fino al 65% per pompe di calore, caldaie e apparecchi a biomassa, sistemi ibridi a pompe di calore e impianti solari termici;
- il 100% delle spese per la Diagnosi Energetica e per l'Attestato di Prestazione Energetica (APE) per le PA (e le ESCO che operano per loro conto) e il 50% per i soggetti privati, con le cooperative di abitanti e le cooperative sociali.

Per la pubblica Amministrazione vengono ammessi, oltre agli interventi previsti dal Conto Termico anche:
- trasformazione degli edifici esistenti in "nZEB";
- illuminazione d'interni;

- tecnologie di building automation.

Per i soggetti privati gli interventi incentivati vengono ampliati con:

- pompe di calore, per climatizzazione anche combinata per acqua calda sanitaria;
- caldaie, stufe e termo camini a biomassa;
- sistemi ibridi a pompe di calore.
- Installazione di impianti solari termici anche abbinati a tecnologia solar cooling per la produzione di freddo.

Per gli interventi su impianti termici per la climatizzazione invernale alimentati da fonti rinnovabili e che superano la potenza di 200 kW occorre l'installazione della contabilizzazione di calore. Altresì anche per impianti di solar cooling con superfice del campo solare maggiore di 100 m^2.

7.3.4 Certificati Bianchi

I certificati bianchi, anche noti come "Titoli di Efficienza Energetica" (TEE), sono titoli che certificano il conseguimento di risparmi energetici negli usi finali di energia attraverso interventi e progetti di incremento di efficienza energetica.

Il sistema dei certificati bianchi è stato introdotto nel luglio 2004 e prevede che i distributori di energia elettrica e di gas naturale raggiungano annualmente determinati obiettivi quantitativi di risparmio di energia primaria, espressi in Tonnellate Equivalenti di Petrolio risparmiate (**TEP**).

Un certificato equivale al risparmio di una tonnellata equivalente di petrolio (TEP). Anche le Unità di Cogenerazione ad Alto Rendimento possono accedere al meccanismo dei certificati bianchi. Il decreto 28 dicembre 2012 è stato sostituito dal DM del 11 gennaio 2017 che attraverso le nuove Linee Guida Operative. Nel caso di proposte di progetto di tipo standard (PS) le categorie di intervento sono sotto elencate:

Settore di intervento DOMESTICO, TERZIARIO e AGRICOLO:

1. Processo settore domestico (CIV-T): Installazione di caldaia unifamiliare a 4 stelle di efficienza alimentate a gas naturale e di potenza termica nominale non superiore a 35Kw. Nel caso specifico va utilizzata la scheda tecnica denominata 3T

2. Processi settore domestico e terziario (CIV-FC): Sostituzione vetri semplici con doppi vetri o interventi di isolamento termico di pareti e coperture realizzati su edifici esistenti. Le schede tecniche di riferimento sono la 5T , 6T e la 20T

3. Processi settori residenziale, agricolo e terziario (CIV-GEN): Installazione impianti fino a 20 kW connessi alla rete e a servizio di utenze finali. Si precisa che non sono ammissibili impianti stand alone. Interventi di isolamento termico delle pareti e delle coperture realizzati su edifici esistenti per il raffrescamento estivo. La scheda tecnica di riferimento è la 7T

Per la quantificazione dei risparmi occorre presentare entro 180 dalla data di avvio del progetto la rendicontazione dei risparmi ottenuti attraverso una RVC-S. La dimensione minima del risparmio deve essere almeno 5 tep. In alternativa si può inviare al GSE una proposta di progetto di efficientamento energetico a consuntivo (PC) con relativo programma di misura che attraverso la richiesta di verifica e certificazione dei risparmi (RVC-C) né consente la certificazione. La dimensione minima è di 10 tep .

I Certificati Bianchi emessi sono di quattro tipi: a) di tipo I, attestanti il conseguimento di risparmi di energia primaria attraverso interventi per la riduzione dei consumi finali di energia elettrica; b) di tipo II, attestanti il conseguimento di risparmi di energia primaria attraverso interventi per la riduzione dei consumi di gas naturale; c) di tipo III, attestanti il conseguimento di risparmi di forme di energia primaria diverse dall'elettricità e dal gas naturale non realizzati nel settore dei trasporti; d) di tipo IV, attestanti il conseguimento di risparmi di forme di energia primaria diverse dall'elettricità e dal gas naturale, realizzati nel settore dei trasporti.

Occorre sottolineare che la vita utile varia da 7 a 10 anni a secondo del tipo di intervento e della tipologia di settore.

7.3.5 Certificati Verdi e Tariffa Omnicomprensiva

Se un impianto di produzione di energia elettrica ottiene la *qualifica IAFR* (impianto alimentato da fonti rinnovabili) ed è entrato in esercizio entro il 31 dicembre 2012 può richiedere i *Certificati Verdi (CV)*. Ogni **CV** attesta convenzionalmente la produzione di 1 MWh di energia rinnovabile. Solo per gli impianti di potenza nominale media annua non superiore ad 1 MW (0,2 MW per gli impianti eolici) con esclusione della fonte solare può essere esercitato il diritto di opzione tra i Certificati Verdi e la *Tariffa Omnicomprensiva (TO)*. I certificati verdi sono rilasciati anche per impianti di cogenerazione abbinati al teleriscaldamento.

La qualifica IAFR è disciplinata dal DM 18/12/2008. La tariffa omnicomprensiva viene riconosciuta per un periodo di 15 anni durante la quale resta immutata. Per richiedere i CV o la TO è necessario che il produttore dichiari non aver beneficiato di altri incentivi *(divieto di cumulo)* previsti dal D.Lgs. 387/2003, dalla Finanziaria 2008 vale a dire incentivi pubblici di natura nazionale, regionale, locale o comunitaria, in conto energia, in conto capitale, in conto interessi con capitalizzazione anticipata.

A livello europeo la *RECS* International per stimolare lo sviluppo di energia rinnovabile (Renewable Energy Certificate System) o Sistema di certificazione dell'Energia Rinnovabile ha introdotto un sistema volontario per il commercio internazionale dei certificati delle energie rinnovabili.

7.3.6 Cogenerazione ad Alto Rendimento

La *Cogenerazione ad Alto Rendimento* (CAR) può essere riconosciuta agli impianti di cogenerazione che rientrano nei requisiti stabiliti dal D.M. del 4 agosto del 2011. Ai sensi del Decreto Legislativo n. 20 del 2007, un'unità di cogenerazione è definita ad Alto Rendimento se il valore del *risparmio di energia primaria (PES)* che consegue è almeno del 10% oppure se assume un qualunque valore positivo, nel caso di piccola cogenerazione (< 1 MWe) o micro-cogenerazione (< 50 kWe).

7.3.7 Qualifica SEU e SEESEU

Per fruire dei benefici delle condizioni tariffarie agevolate sull'energia elettrica auto consumata (ovvero prodotta e consumata all'interno del Sistema), a seconda della categoria di Sistema riconosciuto, previste dal decreto legislativo n. 115/08, come modificato e integrato dal decreto legislativo 56/10 e dalla Legge 116/2014 occorre l'ottenimento del riconoscimento della qualifica SEU e SEESEU A-B da richiedere al GSE

A seguito della evoluzione normativa le definizioni di SEU e SEESEU sono state modificate a partire dal febbraio 2016 rispetto a quelle in origine. Sicché si *definisce SEU* un *"Sistema in cui uno o più impianti di produzione di energia elettrica alimentati da fonti rinnovabili ovvero in assetto cogenerativo ad alto rendimento, gestiti dal medesimo produttore, eventualmente diverso dal cliente finale, sono direttamente 17 connessi, per il tramite di un collegamento privato senza obbligo di connessione di terzi, all'unità di consumo di un solo cliente finale (persona fisica o giuridica) e sono realizzati all'interno di un'area, senza soluzione di continuità, al netto di strade, strade ferrate, corsi d'acqua e laghi, di proprietà o nella piena disponibilità del medesimo cliente e da questi, in parte, messa a disposizione del produttore o dei proprietari dei relativi impianti di produzione"* mentre di *definisce SEESEU*

"realizzazioni che soddisfano tutti i requisiti di cui ai punti i e ii e almeno uno dei requisiti di cui ai punti iii., iv., v. e vi.: i. sono realizzazioni per le quali l'iter autorizzativo, relativo alla realizzazione di tutti gli elementi principali (unità di consumo e di produzione, relativi collegamenti privati e alla rete pubblica) che le caratterizzano è stato avviato in data antecedente al 4 luglio 2008; ii. sono sistemi esistenti alla data di entrata in vigore del presente provvedimento, ovvero sono sistemi per cui, alla predetta data, sono stati avviati i lavori di realizzazione ovvero sono state ottenute tutte le autorizzazioni previste dalla normativa vigente; iii. sono sistemi che rispettano i requisiti dei SEU (tenendo in considerazione le modifiche introdotte dalla legge 221/15, con decorrenza 2 febbraio 2016); iv. sono sistemi che connettono, per il tramite di un collegamento privato senza obbligo di connessione di terzi, esclusivamente unità di produzione e di consumo di energia elettrica gestite dal medesimo soggetto giuridico che riveste, quindi, il ruolo di produttore e di unico cliente finale all'interno di tale sistema. L'univocità del soggetto giuridico deve essere verificata alla data di entrata in vigore del presente provvedimento ovvero, qualora successiva, alla data di entrata in esercizio del predetto sistema. Nel caso di soggetti che, nel periodo compreso tra il 6 maggio 2010 e l'1 gennaio 2014, erano, anche limitatamente a una parte del suddetto periodo, sottoposti al regime di amministrazione straordinaria, l'unicità del soggetto giuridico titolare dell'unità di produzione e dell'unità di consumo di energia elettrica deve essere verificata alla data dell'1 gennaio 2016; 18 v. sono SSPC già in esercizio alla data

di entrata in vigore del presente provvedimento caratterizzati, alla medesima data, da una o più unità di consumo tutte gestite, in qualità di cliente finale, dal medesimo soggetto giuridico o da soggetti giuridici diversi purché tutti appartenenti al medesimo gruppo societario; vi. sono sistemi che connettono, per il tramite di un collegamento privato senza obbligo di connessione di terzi, esclusivamente unità di produzione e di consumo di energia elettrica gestite da soggetti appartenenti allo stesso gruppo societario. L'appartenenza dei soggetti allo stesso gruppo societario deve essere verificata alla data di entrata in vigore della legge 221/15 ovvero, qualora successiva, alla data di entrata in esercizio del predetto sistema".

Infine non oggetto di qualifica da parte del GSE sono gli Altri Sistemi di Autoproduzione *(ASAP)* e gli Altri Sistemi Esistenti *(ASE)*

7.4 Esercitazioni

7.4.1 Esempi quesiti di esame[8] e risposte

I progetti a consuntivo per il rilascio dei TEE (certificati bianchi) sono verificati oggi:
o   dall'AEEG
o   dall'ENEA e da RSE
o   solo dall'ENEA
1. dal GSE

Chi è obbligato a conseguire i "certificati bianchi"?
o   I produttori di energia elettrica da fonti non rinnovabili
2. I distributori di energia elettrica e gas con più di 50.000 clienti finali
o   Tutti gli importatori di energia che superino un volume di 10 GWh (primari)/anno
o   Le ESCo accreditate presso l'AEEG

[8]   Quesiti fonte SECEM

Nel meccanismo dei Titoli di Efficienza Energetica tra i soggetti che possono presentare progetti al GSE ci sono anche i responsabile per la conservazione e l'uso razionale dell'energia, nominato ai sensi della legge 10/91 art. 19

3. per progetto a consuntivo con dimensione minima pari a 20 TEP
o per progetto a consuntivo con dimensione minima pari a 200 TEP
o qualunque sia la taglia del progetto
o solo se certificati da un ente terzo

Per gli impianti di cogenerazione ad alto rendimento, ai sensi del DM 4 agosto 2011 che definisce gli impianti CAR e del DM 5 settembre 2011:

4. il GSE rilascia la certificazione CAR ed i Certificati Bianchi legati al risparmio di energia primaria
o l'AEEG rilascia la certificazione CAR ed il GSE rilascia i Certificati Bianchi legati al risparmio di energia primaria
o il GSE rilascia la certificazione CAR e l'AEEG rilascia i Certificati Bianchi legati al risparmio di energia primaria
o l'AEEG rilascia la certificazione CAR ed i Certificati Bianchi legati al risparmio di energia primaria

Qual è il ciclo termodinamico utilizzato per la generazione di energia elettrica con rendimento maggiore?

o Ciclo Rankine (ciclo a vapore)
o Ciclo Joule – Bryton (ciclo a gas)
o Ciclo Otto (motori alternativi)
5. Ciclo combinato

Quale è il periodo di durata dei certificati bianchi?

6. Dipende dalla vita utile dell'intervento
o 2 anni per i progetti semplici, 3 per quelli più complessi
o 20 anni
o Fino ad esaurimento del meccanismo (nel 2020)

Viene effettuato un intervento di miglioramento dell'efficienza su un impianto energetico (ad energia non rinnovabile) diverso da una centrale termoelettrica. Si chiede di identificare le condizioni perché l'intervento possa essere ammesso a produrre titoli di efficienza energetica.

o L'intervento è ammesso purché il risparmio energetico sia superiore al 10% rispetto ad una situazione standard di riferimento

7. L'intervento è ammesso a produrre titoli per la quantità di energia primaria che viene risparmiata rispetto ad una situazione di baseline

o L'intervento non è idoneo a produrre titoli di efficienza energetica perché non sono incentivabili le fonti non rinnovabili di energia

o L'intervento è ammissibile purché il richiedente sia un grande distributore di energia elettrica o gas

Quale è stato il prezzo medio ponderato di transizione dei TEE aggiornato a giugno 2015 ?

8. Circa 105,03 euro a tep

o Oltre 50 euro per MWh

o Quasi 1 euro l'uno

o Sono tornati ai valori del 2009

Il D.M. 28/12/12 (c.d. Decreto certificati bianchi) del Ministero dello Sviluppo Economico di concerto col Ministero dell'Ambiente e della Tutela del Territorio e del Mare definisce, tra le altre cose, gli obiettivi quantitativi nazionali di risparmio energetico in capo ai distributori di energia elettrica e gas naturale per gli anni:

o Dal 2013 al 2020

o Dal 2013 al 2018

o Dal 2013 al 2015

9. Dal 2017 al 2020

Nel meccanismo dei certificati bianchi ai sensi del DM 28/12/12 non è ammesso a partecipare direttamente (ossia non può richiedere direttamente i TEE) il seguente soggetto:

o   Soggetto con obbligo di nomina dell'energy manager ai sensi dell'art. 19 della legge 10/91

10. I comuni sotto i 30000 abitanti

o   I distributori sotto i 100000 utenti connessi alla propria rete

o   Il distributore sotto soglia d'obbligo anche senza la nomina dell'energy manager secondo art.19 della legge 10/91

Il meccanismo dei Titoli di Efficienza Energetica prevede la modalità di presentazione di progetti di risparmio energetico PC a consuntivo, tali progetti:

o consentono di quantificare il risparmio netto conseguibile attraverso uno o più interventi in conformità ad un programma di misura proposto dal soggetto ed approvato dal GSE. Tali progetti si basano principalmente sulla quantificazione dei risparmi sulla base di forfetizzazioni dei risparmi stessi

o consentono di quantificare il risparmio netto conseguibile attraverso uno o più interventi in conformità ad un programma di misura proposto dal soggetto ed approvato dal GSE. Tali progetti si basano principalmente sulla contabilizzazione delle singole unità fisiche di riferimento, senza procedere a misurazioni dirette

o consentono di quantificare il risparmio netto conseguibile attraverso uno o più interventi mediante a schede di consuntivazione pubblicate dal GSE

11. consentono di quantificare il risparmio netto conseguibile attraverso uno o più interventi in conformità ad un programma di misura proposto dal soggetto ed approvato dal GSE. Tali progetti devono basarsi principalmente sulla quantificazione dei risparmi sulla base di misure continue dei risparmi stessi

L'incentivo legato al meccanismo dei Titoli di Efficienza Energetica (TEE), in termini economici, corrisponde a:

o il valore viene fissato annualmente dall'AEEG mediante una formula di calcolo prefissata

12. dipende dalle quotazioni di mercato

o è fisso e pari a 100 €/TEE

o è corrispondente a 100 €/MWh

Quali fra i seguenti metodi di valutazione non riguardano i Titoli di Efficienza Energetica:

o I metodi standardizzati

13. I metodi a compensazione

o I metodi standardizzati e consuntivo

o I metodi a consuntivo

Secondo il nuovo conto termico, i costi della diagnosi energetica richiesta su alcune tipologie di intervento incentivate:
14. sono erogati e determinati fuori dall'incentivo e secondo delle soglie stabilite
o sono inclusi nell'incentivo riconosciuto per quel tipo di intervento
o sono erogati e determinati fuori dall'incentivo e nella misura massima del 75% del costo della diagnosi
o non sono riconosciuti

Il D.M. 28/12/12 (c.d. Conto termico) che incentiva interventi di piccole dimensioni per l'incremento dell'efficienza energetica e per la produzione di energia termica da fonti rinnovabili è:
o Cumulabile con tutti gli incentivi disponibili
o Non è cumulabile con incentivi o fondi vari
15. Cumulabile con fondi di garanzia, fondi di rotazione e contributi in conto interesse
o Cumulabile con le detrazioni fiscali

Il D.M. 28/12/12 (c.d. Conto termico) incentiva interventi di piccole dimensioni per l'incremento dell'efficienza energetica e per la produzione di energia termica da fonti rinnovabili con il seguente impegno di spesa annua cumulata:
16. 200 milioni di euro per le amministrazioni pubbliche e 700 milioni di euro per gli altri operatori
o 700 milioni di euro per le amministrazioni pubbliche e 200 milioni per gli altri operatori
o 250 milioni di euro per le amministrazioni pubbliche e 650 milioni di euro per gli altri operatori
o 900 milioni di euro senza distinzione dei soggetti richiedenti

Il D.M. 28/12/12 (c.d. Conto termico) che incentiva interventi di piccole dimensioni per l'incremento dell'efficienza energetica e per la produzione di energia termica da fonti rinnovabili prevede in particolare, per le amministrazioni pubbliche incentivi per:
17. Tutte le tipologie di interventi ammessi
o Solo gli interventi per l'incremento dell'efficienza energetica
o Solo gli interventi per la produzione di energia termica rinnovabile
o Gli interventi previsti dalle detrazioni fiscali

Il Ritiro Dedicato è:
o La vendita dell'energia elettrica in borsa
18. Un rapporto tra produttori e GSE al fine di ritirare commercialmente l'energia elettrica
o La vendita di energia autoprodotta a terzi
o L'obbligo da parte della rete elettrica al ritiro e valorizzazione dei kilowattora autoprodotti

Un produttore di energia elettrica oggi:
19. può chiedere al GSE il ritiro dedicato di tutta l'energia prodotta
o deve auto consumare tutta l'energia che produce se ha usufruito o usufruisce di un incentivo statale
o non può più vendere l'energia prodotta tramite contratti bilaterali ma può venderla solo nella borsa elettrica
o non può più accedere allo scambio sul posto

Quali tra queste voci di entrata, relative ad un generico investimento in un impianto fotovoltaico, non sono ammissibili in relazione alla normativa vigente?
o Tariffa incentivante del conto energia per impianti di potenza nominale superiore ai 200 kWp
o Vendita del surplus energetico (energia immessa – energia prelevata) in regime di "ritiro dedicato"
20. Vendita del surplus energetico (energia immessa – energia prelevata) in regime di "scambio sul posto"
o Valorizzazione economica del surplus energetico (energia immessa – energia prelevata) in regime di "scambio sul posto"

Il Ritiro Dedicato è:
o La vendita dell'energia elettrica in borsa
21. Una modalità semplificata a disposizione dei produttori per la vendita al GSE dell'energia elettrica immessa in rete
o La vendita di energia autoprodotta a terzi
o L'obbligo da parte della rete elettrica al ritiro e valorizzazione dei kilowattora autoprodotti

Il ritiro dedicato dell'energia:
o Può essere richiesto dagli impianti con potenza nominale superiore a 10 MVA alimentati da fonti rinnovabili, compresa la produzione delle centrali ibride
22. Può essere richiesto dagli impianti con potenza nominale inferiore a 10 MVA alimentati da fonti rinnovabili, compresa la produzione delle centrali ibride
o Non può essere richiesto da impianti alimentati a fonti rinnovabili non programmabili sotto i 10 MVA
o Non può essere richiesto da impianti alimentati a fonti rinnovabili non programmabili sopra i 10 MVA

Sono ammessi al regime di ritiro dedicato disciplinato dalla delibera 280/07 dell'autorità per l'energia elettrica e il gas:
o Tutti gli impianti con potenza nominale superiore a 10 MVA alimentati da fonti non rinnovabili purché non classificati come auto produttori
o Tutti gli impianti con potenza nominale superiore a 10 MVA purché classificabili come "centrali ibride"
23. Gli impianti con potenza nominale inferiore a 10 MVA alimentati da fonti rinnovabili
o Impianti fotovoltaici installati dopo il 1.7.08 che non beneficiano delle agevolazioni previste dal meccanismo dei certificati bianchi

Lo scambio sul posto, così come modificato dalla delibera 1/09 dell'AEEG, è accessibile:
o A quegli impianti alimentati da fonti non rinnovabili di potenza fino a 20 kW, a impianti alimentati da fonti rinnovabili di potenza superiore a 20 kW fino a 200 kW entrati in esercizio in data successiva al 31 dicembre 2007, e a quelli di cogenerazione ad alto rendimento fino a 200 kW
o Agli impianti di cogenerazione ad alto rendimento oltre i 200 kW
o Agli impianti alimentati a fonti rinnovabili con potenza superiore a 200 kW entrati in esercizio in data successiva al 31 dicembre 2007
24. A quegli impianti alimentati da fonti rinnovabili di potenza fino a 20 kW, a impianti alimentati da fonti rinnovabili di potenza superiore a 20 kW fino a 200 kW entrati in esercizio in data successiva al 31 dicembre 2007, e a quelli di cogenerazione ad alto rendimento fino a 200 kW

Il meccanismo dello Scambio sul Posto dal primo gennaio 2009:
25. È gestito dal GSE
o Può essere richiesto solo per impianti fotovoltaici di potenza minore di 20 kW
o È stato abolito
o È rimasta l'unica alternativa di valorizzazione dei kilowattora per chi installi un impianto fotovoltaico

La disciplina dello Scambio sul Posto:
o Prevede un saldo fisico pari alla differenza tra l'energia elettrica immessa e l'energia elettrica prelevata su base annuale
26. Consente all'utente che abbia la titolarità o la disponibilità di un impianto, la compensazione tra il valore associabile all'energia elettrica prodotta e immessa in rete e il valore associabile all'energia elettrica prelevata e consumata in un periodo differente da quello in cui avviene la Produzione
o Per gli impianti alimentati da fonti rinnovabili consente anche la vendita
o Consente lo stoccaggio in rete dell'eccesso di kilowattora prodotti per un anno

Secondo le disposizioni del nuovo Conto Energia, è ottimizzato lo scambio sul posto
27. Quando tutta l'energia auto-prodotta viene auto consumata e la potenza installata è inferiore ad una soglia di 20 kWp
o Quando solo parte dell'energia auto-prodotta viene consumata annualmente e la potenza massima installata è di 20 kWp
o Sempre, indipendentemente dalla potenza installata e dal consumatore che ne usufruisce
o Non sempre per impianti familiari, cioè di piccola taglia, in quanto il consumatore potrebbe consumare molto di più dell'energia auto-prodotta

L'incentivo del Conto Energia Fotovoltaico viene calcolato:
28. In funzione di quanta energia viene ceduta alla rete elettrica
o Moltiplicando un coefficiente "di persistenza" per la potenza nominale dell'impianto fotovoltaico
o Su tutti i kilowattora prodotti dal pannello
o Secondo una tabella che associa ad ogni provincia italiana la rispettiva fascia climatica (da cui le ore equivalenti di insolazione)

Tra le opzioni sotto elencate, l'incentivo del Conto Energia per kilowattora prodotto è massimo per impianti:
29. Di potenza minore di 3 kW e architettonicamente integrati
o Di potenza maggiore di 20 kW ed architettonicamente integrati
o Di potenza maggiore di 200 kW posizionati a terra
o Di potenza inferiore a 20 kW perché comprensivo del contributo derivante dai certificati bianchi (scheda standard)

L'incentivo del Conto Energia viene calcolato:
30. In funzione di quanta energia viene ceduta alla rete elettrica
o Moltiplicando un coefficiente "di persistenza" per la potenza nominale dell'impianto fotovoltaico
o Su tutti i kilowattora prodotti dal pannello
o Secondo una tabella che associa ad ogni provincia italiana la rispettiva fascia climatica (da cui le ore equivalenti di insolazione)

In riferimento alle tariffe incentivanti del conto energia, in quali casi non è previsto un aumento del 5% della tariffa riconosciuta?
o Per impianti superiori ai 3 kW non integrati, il cui soggetto responsabile auto consuma almeno il 70% dell'energia prodotta dall'impianto
o Per impianti i cui soggetti responsabili siano enti locali con popolazione residente superiore a 5000 abitanti
o Per impianti integrati in edifici, fabbricati, strutture edilizie di destinazione agricola in sostituzione di coperture in eternit o contenenti amianto
31. Per impianti il cui soggetto responsabile è una scuola pubblica/paritaria o una struttura sanitaria pubblica

Il meccanismo di incentivazione previsto nel quinto conto energia FV, non si applica, decorsi trenta giorni solari dalla data di raggiungimento di un costo indicativo cumulato di:
o 8 miliardi di euro
o 7 miliardi di euro
32. 6,7 miliardi di euro
o 7,6 miliardi di euro

Fra i compiti specifici in capo al GSE figurano:
o Formulazione di osservazioni e proposte al Governo e al Parlamento in merito alle forme di mercato e al recepimento e attuazione delle direttive europee
33. Agevolazione della generazione elettrica distribuita sul territorio mediante il ritiro di energia e lo scambio sul posto
o Fissazione delle tariffe base per i servizi regolati con il metodo del price cap
o Monitoraggio degli impianti di cogenerazione collegati alla rete elettrica

Quali sono i vantaggi della cogenerazione?
o Capacità di inseguire contemporaneamente la richiesta elettrica e termica
o Maggiori rendimenti derivanti dalla produzione separata di energia elettrica e calore
34. Minori consumi e minore inquinamento ambientale rispetto alla produzione separata
o Produzione di calore a differenti livelli di temperatura

Per gli impianti di cogenerazione ad alto rendimento, ai sensi del DM 4 agosto 2011 che definisce gli impianti CAR e del DM 5 settembre 2011:
35. il GSE rilascia la certificazione CAR ed i Certificati Bianchi legati al risparmio di energia primaria
o l'AEEG rilascia la certificazione CAR ed il GSE rilascia i Certificati Bianchi legati al risparmio di energia primaria
o il GSE rilascia la certificazione CAR e l'AEEG rilascia i Certificati Bianchi legati al risparmio di energia primaria
o l'AEEG rilascia la certificazione CAR ed i Certificati Bianchi legati al risparmio di energia primaria

Una cogenerazione normalmente non viene presa in considerazione se:
o La domanda elettrica è elevata e carico termico è a bassa temperatura
o La potenza termica è paragonabile a quella elettrica
36. C'è bassa contemporaneità tra richiesta termica ed elettrica
o Non è disponibile gas metano

Non è una tecnologia di cogenerazione:
o Turbina a vapore con spillamento di vapore
o Turbina a vapore in contropressione
37. Ciclo combinato gas-vapore
o Motore alternativo con recupero sui gas di scarico

Quali sono le taglie elettriche che la direttiva 2012/27/CE sull'efficienza energetica definisce per la piccola cogenerazione?
o Inferiore a 50 kWe
o Inferiore a 100 kWe
o Inferiore a 200 kWe
38. Inferiore a 1000 kWe

Ogni certificato RECS (Renewable Energy Certificate System) ha la taglia di:
o 100 kWh
o 1 TEP
39. 1 MWh
o 10 MWh

Il RECS (Renewable Energy Certificate System) è un meccanismo:
o uguale a quello dei certificati verdi
40. che consiste nella volontarietà del mercato di scambio dei RECS a livello europeo
o adottato nei paesi dell'Est
o al momento americano che probabilmente in futuro sarà adottato anche in Europa

Il RECS (Renewable Energy Certificate System) è:
o un meccanismo europeo uguale a quello dei certificati verdi
41. una certificazione volontaria a livello europeo che attesta l'impiego delle fonti rinnovabili per la produzione di energia elettrica
o una certificazione obbligatoria a livello europeo che attesta l'impiego delle fonti rinnovabili per la produzione di energia elettrica
o una certificazione volontaria a livello italiano che attesta l'impiego delle fonti rinnovabili per la produzione di energia elettrica e che consente sgravi fiscali

8 AUTORITA' DI REGOLAZIONE PER ENERGIA RETI E AMBIENTE

8.1 Competenze

L'Autorità per l'energia elettrica il gas e il sistema idrico (ARERA) è un organismo indipendente, istituito con la legge 14 novembre 1995, n. 481 con il compito di tutelare gli interessi dei consumatori e di promuovere la concorrenza, l'efficienza e la diffusione di servizi con adeguati livelli di qualità, attraverso l'attività di regolazione e di controllo. L'Autorità svolge inoltre una funzione consultiva nei confronti di Parlamento e Governo ai quali può formulare segnalazioni e proposte; presenta annualmente una Relazione Annuale sullo stato dei servizi e sull'attività svolta.

Con il decreto n.201/11, convertito nella legge n. 214/11, all'Autorità sono state attribuite competenze anche in materia di servizi idrici.

8.2 Attività

L'Autorità regola i settori di competenza, attraverso provvedimenti (deliberazioni) e, in particolare:
▪ Stabilisce le tariffe per l'utilizzo delle infrastrutture, garantisce la parità d'accesso, promuove, attraverso la regolazione incen-

tivante gli investimenti con particolare riferimento all'adeguatezza, l'efficienza e la sicurezza;

- Assicura la pubblicità e la trasparenza delle condizioni di servizio;
- Promuove più alti livelli di concorrenza e più adeguati standard di sicurezza negli approvvigionamenti, con particolare attenzione all'armonizzazione della regolazione per l'integrazione dei mercati e delle reti a livello internazionale;
- Definisce i livelli minimi di qualità dei servizi per gli aspetti tecnici, contrattuali e per gli standard di servizio;
- Promuove l'uso razionale dell'energia, con particolare riferimento alla diffusione dell'efficienza energetica e all'adozione di misure per uno sviluppo sostenibile;
- Aggiorna trimestralmente le condizioni economiche di riferimento per i clienti che non hanno scelto il mercato libero;
- Accresce i livelli di tutela, di consapevolezza e l'informazione ai consumatori;
- Adotta provvedimenti tariffari e provvede all'attività di raccolta dati e informazioni in materia di servizi idrici;
- Svolge attività di monitoraggio, di vigilanza e controllo anche in collaborazione con la Guardia di Finanza e altri organismi, fra i quali la Cassa Conguaglio per il settore elettrico, il GSE, su qualità del servizio, sicurezza, accesso alle reti, tariffe, incentivi alle fonti rinnovabili e assimilate e in materia di Robin Hood Tax.
- Può imporre sanzioni e valutare ed eventualmente accettare impegni delle imprese a ripristinare gli interessi lesi (d.lgs. 93/11).

Le delibere della autorità regolano anche i prezzi del servizi a maggior tutela sia per il settore dell'elettricità, sia per il settore del gas. Infatti, un esempio, con delibera 166/2016/R/gas ha definito le condizioni economiche per il servizio di maggior tutela del gas nel periodo tra ottobre 2016 fino a dicembre 2017. Si riporta di seguito un estratto: *"Il provvedimento, anche sulla base delle osservazioni emerse in esito alla consultazione (DCO 61/2016/R/GAS) prevede, in particolare:*

• per quanto riguarda la componente CMEM, la conferma delle attuali modalità di calcolo, mantenendo il riferimento alle quotazioni del gas naturale sul mercato TTF;

• *per quanto riguarda i costi relativi alla logistica nazionale ed internazionale, la conferma delle modalità in essere (valore vigente dell'elemento QTint, aggiornamento annuale sulla base delle tariffe di trasporto per l'elemento QTPSV, conferma delle modalità di calcolo dell'elemento QTMCV);*

• *per quanto riguarda la componente CCR, la conferma delle modalità di quantificazione adottate per la sua determinazione nel precedente anno termico in merito ai rischi bilanciamento, profilo ed eventi climatici (considerando per il rischio profilo ed eventi climatici invernali un adeguamento in esito alle aste per l'assegnazione della capacità di stoccaggio); per il rischio livello l'adeguamento del valore in considerazione di un tasso atteso di uscita dal servizio di tutela maggiore di quello rilevato nell'ultimo biennio e per il rischio pro-die l'inclusione nella quantificazione del differente valore stagionale della componente tariffaria CRVOS a copertura degli oneri derivanti dall'applicazione del fattore correttivo dei ricavi di riferimento per il servizio di stoccaggio"*

Per il settore elettrico l'autorità interviene anche per fissare prezzi, fasce orarie e modalità di fatturazione. La delibera 156/06 definisce la trasparenza dei documenti di fatturazione dei consumi di elettricità. Di seguito si riporta un estratto: "*Articolo 4 - Periodo di riferimento della fatturazione e consumi*

4.1 La bolletta evidenzia:

a. il periodo cui si riferisce la fatturazione e i termini di scadenza del pagamento; b. le letture o autoletture del gruppo di misura in base a cui sono stati rilevati i consumi fatturati e la relativa data; c. i consumi fatturati.

4.2 Nelle bollette in cui sono contabilizzati consumi non rilevati tramite letture o autoletture, l'informazione di cui al comma 4.1, lett. b. è sostituita dall'indicazione che i consumi sono attribuiti sulla base di stime.

4.3 Qualora la bolletta emessa sulla base di una lettura o autolettura del gruppo di misura faccia seguito a bollette emesse sulla base di consumi stimati, vengono posti in evidenza in detrazione i consumi già contabilizzati nelle precedenti bollette.

Articolo 5-Unità di misura

5.1 L'unità di misura con cui nella bolletta vengono contabilizzati i consumi dell'energia elettrica è il kWh. Qualora gli esercenti utilizzino nella bolletta come unità di misura dei consumi un altro riferi-

mento convenzionale, la corrispondenza tra il riferimento convenzionale utilizzato e il kWh viene riportata in evidenza nel Quadro sintetico di cui al successivo articolo 7.

5.2 Gli eventuali prelievi di energia reattiva sono contabilizzati in kvarh. La potenza impegnata e la potenza disponibile vengono espresse in kW.

Articolo 6 - Addebiti relativi ai corrispettivi e alle imposte

6.1 I corrispettivi unitari fatturati al cliente per l'uso delle reti vengono indicati in bolletta, comprensivi delle componenti A, UC, MCT dovute per la copertura dei costi sostenuti nell'interesse generale e degli oneri generali afferenti al sistema elettrico.

6.2 Fatto salvo quanto previsto al comma 6.1, è facoltà dell'esercente fornire, nella parte della bolletta riservata alle informazioni, dettagli sulle componenti A, UC,MCT dovute per la copertura dei costi sostenuti nell'interesse generale e degli oneri generali afferenti al sistema elettrico e dei corrispettivi fatturati al cliente per il periodo di riferimento, quale informazione aggiuntiva.

6.3 L'esercente fornisce al cliente, qualora questo ne faccia richiesta, le ulteriori disaggregazioni dei corrispettivi fatturati per singole componenti dell'opzione"

Certamente gli esempi rivestono la finalità utile a comprendere gli ambiti di intervento dell'autorità, quindi si rimanda direttamente al portale della stessa AEEG per approfondire le specifiche delle delibere e delle consultazioni da essa condotte in questi anni.

Nella stipula di un contratto elettrico, che cosa si intende per "potenza impegnata"?
1. E' il livello di potenza che l'Ente di fornitura fattura ogni mese indipendentemente dall'aver ritirato o meno quel livello di potenza.
o E' la potenza elettrica risultante dalla media delle massime potenze ritirate nelle diverse fasce tariffarie
o E' un livello convenzionale di potenza ritirata, risultante dall'applicazione di una formula aggiornata dall'autorità per l'energia elettrica e il gas
o E' la massima potenza attiva che l'utente si impegna a non superare, pena l'interruzione della fornitura

Fra i compiti specifici in capo all'Autorità di Regolazione per Energia Reti e Ambiente figurano:
o Qualificazione degli impianti di cogenerazione ad alto rendimento
o L'organizzazione e la gestione economica del mercato elettrico
o Emanazione di norme per l'esecuzione di attività di energy management in imprese distributrici
2. Controllo delle condizioni di svolgimento dei servizi pubblici, con adeguati poteri di ispezione, accesso e sanzione

Quali attività della filiera del gas naturale sono attività regolate dall'Autorità di Regolazione per Energia Reti e Ambiente?
o L'importazione e lo stoccaggio
o Lo stoccaggio e la produzione
o La distribuzione, la vendita e l'importazione
3. Il trasporto, lo stoccaggio e la distribuzione

---

[9] Quesiti fonte SECEM

Quale componente del prezzo del gas naturale è regolata dall'Autorità di Regolazione per Energia Reti e Ambiente?

4. Tariffa di stoccaggio
o Addizionali locali
o Accisa
o Componente di estrazione

Le fasce orarie attualmente deliberate dall'Autorità di Regolazione per Energia Reti e Ambiente (del. 181/06) sono in numero di:

o 2
5. 3
o 4
o 6

Sono ammessi al regime di ritiro dedicato disciplinato dalla delibera 280/07 dall'Autorità di Regolazione per Energia Reti e Ambiente:

o Tutti gli impianti con potenza nominale superiore a 10 MVA alimentati da fonti non rinnovabili purché non classificati come auto produttori
o Tutti gli impianti con potenza nominale superiore a 10 MVA purché classificabili come "centrali ibride"
6. Gli impianti con potenza nominale inferiore a 10 MVA alimentati da fonti rinnovabili
o Impianti fotovoltaici installati dopo il 1.7.08 che non beneficiano delle agevolazioni previste dal meccanismo dei certificati bianchi

Nel mercato libero dell'energia elettrica, le fasce orarie peak e off peak sono:
o   ore peak lunedì - venerdì dalle ore 6 alle ore 22, tutte le altre ore sono di off peak. Le festività nazionali infrasettimanali vengono trattate come qualunque altro giorno
o   ore peak lunedì - venerdì dalle ore 8 alle ore 20, tutte le altre ore sono di off peak. Le festività nazionali infrasettimanali vengono trattate come qualunque altro giorno
7. ore peak lunedì - venerdì dalle ore 8 alle ore 20, tutte le altre ore sono di off peak. Le festività nazionali infrasettimanali sono considerate composte da sole ore off peak
o   ore peak sono quelle ricadenti in fascia F1, ore off peak sono quelle ricadenti in fascia F2 e F3

Il costo del trasporto dell'energia elettrica, a parità di consumo e di prelievo massimo di potenza, è:
o   invariante rispetto alla localizzazione del consumatore e dalla tipologia di contratto di fornitura ma dipendente dal livello di tensione
8. invariante rispetto alla localizzazione del consumatore ma dipendente dal livello di tensione e dalla tipologia di contratto di fornitura
o   dipendente dalla localizzazione del consumatore rispetto alle linee di interconnesione con l'estero, dal livello di tensione e dalla tipologia di contratto di fornitura
o   dipendente dalla localizzazione del consumatore rispetto alle linee di interconnesione con l'estero, dal livello di tensione ma non dalla tipologia di contratto di fornitura

Cosa si intende per standard specifici di qualità commerciale per l'elettrico ed il gas naturale?

o   Sono quei servizi che caratterizzano ogni specifica offerta dei venditori di elettricità e gas naturale in relazione al cliente finale a cui si riferiscono

9. Sono quei servizi definiti come tempo massimo entro cui chi fornisce il servizio deve effettuare una determinata prestazione richiesta dal cliente

o   È la percentuale minima di clienti per i quali la prestazione richiesta è effettuata entro un tempo massimo.

o   Sono la stessa cosa degli standard generali di qualità commerciale

9   DETRAZIONI FISCALI

9.1 Riqualificazione energetica

La legge n. 208 del 28 dicembre 2015) ha prorogato al 31 dicembre 2016, nella misura del 65%, la detrazione fiscale per gli interventi di riqualificazione energetica degli edifici. I soggetti che ne possono beneficiare sono:

a)   i contribuenti che conseguono reddito d'impresa (persone fisiche, società di persone, società di capitali)

b)   le associazioni tra professionisti

c)   gli enti pubblici e privati che non svolgono attività commerciale.

d)   Istituti autonomi di case popolari, purché gli edifici siano adibiti ad edilizia residenziale

e)   i titolari di un diritto reale sull'immobile

f)   i condomini, per gli interventi sulle parti comuni condominiali

g)   gli inquilini

h)   coloro che hanno l'immobile in comodato.

Le detrazioni saranno riconosciute, *in dieci rate, una per anno e di pari importo*, se sono state effettuate spese per i seguenti interventi:

1. all'acquisto, installazione e messa in opera di dispositivi per il controllo a distanza degli impianti di riscaldamento o produzione di acqua calda o di climatizzazione delle unità abitative
2. la riduzione del fabbisogno energetico per il riscaldamento
3. il miglioramento termico dell'edificio (coibentazioni - pavimenti - finestre, comprensive di infissi)
4. l'installazione di pannelli solari
5. la sostituzione degli impianti di climatizzazione invernale.

La spesa da poter portare in detrazione è del 65% della spesa sostenuta non è cumulabile con altre agevolazioni fiscali previste per i medesimi interventi da altre disposizioni di legge nazionali (quale, per esempio, la detrazione per il recupero del patrimonio edilizio).

L'aliquota iva al 10% si applica solo sui beni significativi[10]. Per la riqualificazione energetica il tetto massimo di detrazioni fiscali è di € 100.000, per gli interventi sugli involucri degli edifici (finestre, pareti, etc.) la somma massima detraibile è di € 60.000 a condizione che rispettino i requisiti di trasmittanza[11]. L'installazione di pannelli solari prevede la somma detraibile per il massimo di € 60.000 a condizione che i pannelli solari rispettino i requisiti UNI EN 12975 o UNI EN 12976 e certificati da un organismo di un Paese dell'Unione Europea e della Svizzera. Il valore massimo della detrazione fiscale di € 30.000 riguarda le sostituzioni di impianti di climatizzazione invernale. Non è agevolabile, invece, l'installazione di sistemi di climatizzazione invernale in edifici che ne erano sprovvisti.

Per beneficiare dell'agevolazione fiscale è necessario acquisire la certificazione energetica dell'edificio e l'asseverazione[12], che consente di dimostrare che l'intervento realizzato è conforme ai requisiti tecnici richiesti. La denuncia di detrazione va inoltrata ad ENEA entro 90 giorni dalla *data di fine lavori* che coincide con il cosiddetto *collaudo.*

Le modalità per effettuare i pagamenti sono differenti a seconda il soggetto titolare:

    a) i contribuenti non titolari di reddito di impresa devono effettuare il pagamento delle spese sostenute mediante bonifico bancario o postale

---

[10] Decreto del Ministero delle Finanze del 29 dicembre 1999

[11] Decreto del Ministro dello Sviluppo economico dell'11 marzo 2008 e succ.   modif. dal decreto 26 gennaio 2010.

[12] D.M. 6 agosto 2009. L'asseverazione del tecnico abilitato può essere sostituita dalla dichiarazione resa dal direttore dei lavori

b) i contribuenti titolari di reddito di impresa sono invece esonerati dall'obbligo di pagamento mediante bonifico bancario o
postale. In tal caso, la prova delle spese può essere costituita
da altra idonea documentazione.

Nel modello di versamento con bonifico bancario o postale vanno
indicati:

a) la causale del versamento
b) il codice fiscale del beneficiario della detrazione
c) il numero di partita Iva o il codice fiscale del soggetto a favore
del quale è effettuato il bonifico (ditta o professionista che ha
effettuato i lavori).

Sul portale di Enea sono disponibili i vademecum esaustivi per
ogni tipologia di intervento assieme alla documentazione da allegare e
conservare nella denuncia di detrazione fiscale.

9.2 Esercitazioni

9.2.1 Esempi quesiti di esame[13] e risposte

*Per fruire delle detrazioni del 65% relative alle spese per la riqualifi-
cazione energetica di edifici esistenti, a cosa serve il documento di asseverazione?*

o Ne va dimostrato il possesso per poter accedere a qualsiasi incentivo pubblico se non altrimenti esplicitamente disposto (art. 6,
comma 1-ter del D.Lgs. 192/2005 come modificato dal D. Lgs.
311/2006)

o A dimostrare l'avvenuto pagamento del tecnico che ha predisposto
l'istruttoria

o A dichiarare lo stato patrimoniale del richiedente (al disopra di
una determinata soglia di reddito, fissata da ogni regione, le detrazioni del 65% non sono consentite)

1. A dimostrare che l'intervento realizzato è conforme alle specifiche
normative

---

[13]Quesiti fonte SECEM

Per fruire delle detrazioni del 65% relative alle spese per la riqualificazione energetica di edifici esistenti, a chi va inviata la domanda:
o Al Centro provinciale dell'Agenzia delle Entrate
2. All'ENEA
o Non va inviata nessuna domanda
o Al locale assessorato per la casa e le politiche abitative

Il pay-back medio per l'installazione di un impianto solare termico domestico usufruendo delle detrazioni del 65% è di:
o 2-3 anni
3. 5-6 anni
o 10-12 anni
o Non è determinabile con i normali metodi di calcolo

Nell'agevolazione fiscale per l'efficienza energetica a quanto ammonta la spesa massima detraibile per l'installazione di pannelli solari?
o 20.000 euro
o 30.000 euro
o 40.000 euro
4. 60.000 euro

10   CERTIFICAZIONE ENERGETICA

10.1 Le norme

La certificazione energetica degli edifici in Italia è un'idea che parte dal lontano1991. La Direttiva 2002/91/CE del Parlamento europeo e del Consiglio del 16/12/2002 sul rendimento energetico nell'edilizia, meglio nota come «Direttiva EPBD», ripropone la certificazione energetica invitando gli Stati membri ad attuarla insieme ad una serie di altre misure finalizzate a migliorare l'efficienza energetica nel settore edilizio che in Europa consuma circa il 40% dell'energia. In Italia viene emanata una legge per il recepimento della Direttiva: il D. Lgs. 192/2005. Nell'anno seguente viene approvato il D.Lgs. 311/06 che in teoria avrebbe dovuto integrare e completare il D.Lgs. 192/2005. Prima che il *D.Lgs. 63/2013*, convertito dalla legge 90/2013, scorso introducesse per la prima volta *l'attestato di prestazione energetica*

(Ape), esistevano gli attestati di certificazione energetica (Ace), già obbligatori nei rogiti di compravendita. L'Ape è un documento più complesso dell'Ace, perché dovrà tenere conto di diversi parametri energetici dell'edificio rispetto all'attestato precedente, come ad esempio la climatizzazione invernale). L'attestato di certificazione energetica è necessario in tutti i seguenti casi:

- edifici di nuova costruzione
- ristrutturazione integrale
- demolizione e ricostruzione in manutenzione straordinaria.
- interventi migliorativi della prestazione energetica a seguito di interventi di riqualificazione che
- riguardino almeno il 25% della superficie esterna dell'immobile.
- interventi di riqualificazione degli impianti di climatizzazione e di produzione di acqua calda sanitaria
- con un rendimento più alto di almeno 5 punti percentuali rispetto ai sistemi preesistenti.
- ad ogni intervento di ristrutturazione impiantistica o di sostituzione di componenti o apparecchi che
- possa ridurre la prestazione energetica dell'edificio.
- facoltativo in tutti gli altri casi.

Mentre sono esentati:

- immobili ed aree di interesse pubblico (ville, edifici e complessi storici) e considerati come beni culturali
- I fabbricati industriali, artigianali e agricoli non residenziali quando gli ambienti sono riscaldati per esigenze del processo produttivo o usando reflui energetici del processo non altrimenti utilizzabili
- I fabbricati con una superficie utile totale inferiore a 50 mq

I decreti del 26 giugno 2015[14].Il 31 marzo 2016 sono state pubblicate le seguenti norme:

- revisione UNI/TS 11300 parte 4
- nuove UNI/TS 11300 parte 5 e 6
- nuova UNI 10349 parti 1, 2 e 3

Si completa così il pacchetto normativo a supporto della Legge 90/2013 e dei relativi decreti applicativi. In particolare:

---

[14] G.U. n.162 del 15 luglio 2015

UNI/TS 11300-4: la revisione della norma è volta ad armonizzare la norma con le disposizioni del DM 26.06.2015 e con la nuova UNI/TS11300-5.

UNI/TS 11300-5: Vengono introdotti i principi di calcolo per conteggiare l'energia primaria rinnovabile e non rinnovabile da attribuire ai cogeneratori, utilizzando i fattori di allocazione *UNI/TS 11300-6*: la norma introduce il nuovo calcolo del fabbisogno energetico per il servizio di trasporto (scale mobili e ascensori). Tale servizio dovrà essere incluso, per destinazioni d'uso non residenziali, negli APE e nei requisiti minimi di legge coinvolti.

UNI 10349: la norma modifica i dati climatici mensili e di picco (invernali ed estivi) delle località italiane ed è suddivisa in 3 parti:

- *Parte 1*: contiene i dati climatici convenzionali per il calcolo delle prestazioni energetiche e termo igrometriche degli edifici. Fornisce inoltre il metodo di calcolo per ripartire l'irradianza solare oraria nella frazione diretta e diffusa e per calcolare l'energia raggiante ricevuta da una superficie fissa comunque inclinata ed orientata; sostituisce, oltre alla UNI 10349:1994, anche la UNI/TR 11328-1:2009.
- *Parte 2*: fornisce i dati climatici di progetto, rappresentativi delle condizioni climatiche limite, da utilizzare per il dimensionamento degli impianti tecnici invernali ed estivi.
- *Parte 3*: contiene la metodologia di calcolo per la determinazione dei gradi giorno, delle differenze cumulate di umidità massica, della radiazione solare cumulata su piano orizzontale e dell'indice sintetico di severità climatico del territorio.

La scala di classificazione della prestazione energetica degli immobili è formata da 10 classi: *A4, A3, A2, A1, B, C, D, E, F, G* (dal più efficiente al meno efficiente) viene determinata tramite l'indice di prestazione energetica globale dell'edificio in termini di energia primaria non rinnovabile. Questo indice tiene conto del fabbisogno di energia primaria non rinnovabile non solo per la climatizzazione invernale e per la produzione di acqua calda sanitaria, ma anche di altri servizi come la climatizzazione estiva, la ventilazione, l'illuminazione artificiale e il trasporto di persone o cose (gli ultimi due fabbisogni non sono previsti negli edifici con destinazione residenziale). Gli indici prestazionali devono essere specificati per i singoli servizi energetici (*EPh, EPw, EPv, EPc, EPl, EPt*) e non solo della prestazione globale (*EPgl*) Con l' APE si dà maggiore importanza alle caratteristiche e alla qualità dell'involucro edilizio cioè alle murature, agli infissi e ai solai che disperdono verso l'esterno, consapevoli che gli interventi sugli impianti sono più agevoli ma anche meno efficienti rispetto agli interventi. Dal 1 Ottobre 2015 *la classificazione dipende da un "edificio di riferimento". L'edificio di riferimento è un edificio identico a quello oggetto della progettazione per geometria, orientamento, ubicazione geografica, destinazione d'uso e tipologia d'impianto, avente però caratteristiche termiche ed energetiche predeterminate.* L'edificio di riferimento con il suo fabbisogno di energie primaria diventa il limite di legge che un edificio deve rispettare. Altro definizione è quella relativa agli *Edifici ad energia quasi zero (NZEB)*. Infine viene istituito il catasto nazionale degli attestati di prestazione energetica degli impianti termici e dei relativi controlli e ispezioni.

10.2 Esercitazioni

10.2 Esempi quesiti di esame[15] e risposte

APE (attestato di prestazione energetica) deve essere allegato, secondo una nota informativa dei notai, a:
o   Solo ai contratti di vendita
o   Ai contratti di vendita e ai nuovi contratti di locazione
o   Solo ai nuovi contratti di locazione
1.   Ai contratti di vendita, ai contratti di locazione e a tutti gli atti di trasferimento di immobili a titolo gratuito

---

[15]Quesiti fonte SECEM

10.1 Fotovoltaico

Con la tecnologia fotovoltaica si è avuto la opportunità di trasformare l'energia solare direttamente in energia elettrica, grazie alla proprietà di materiali come i semiconduttori . Una cella fotovoltaica è costituita da silicio che ne costituisce il materiale di base. Un dispositivo elementare, cella, può produrre circa 1,5 Watt in corrente continua. Più celle, opportunamente assemblati e scatolati, costituiscono un modulo o pannello. Più moduli collegati in serie o parallelo costituiscono le stringhe di un campo fotovoltaico. Ogni kWp installato richiede circa 8-10 mq. In Italia l'esposizione ottimale è verso Sud con gradi di inclinazione tra i 30-35 gradi. La produzione di media si attesta a 1000 kWh per un impianto installato in Italia Settentrionale e 1500 kWh installati nell'Italia Meridionale.

La connessione alla rete elettrica di distribuzione è regolata dalla CEI 0-16, 2008-07, la quale indica i dispositivi in grado di garantire la separazione dell'impianto di produzione dalla rete di distribuzione:

- Dispositivo di Interfaccia (DDI)
- Il Sistema di Protezione di Interfaccia (SPI)
- Dispositivo generale (DG)

Come affrontato nei capitoli precedenti un impianto fotovoltaico può accedere a forme di incentivazione che derivano dalla natura e dalle finalità per cui l'impianto stesso è stato progettato. In particolare il soggetto responsabile può decidere di cedere nella rete l'energia elettrica prodotta *(regime ritiro dedicato)* o di auto consumarla *(regime di scambio sul posto.* In quest'ultimo caso l'eccedenza di energia elettrica prodotta non può essere ceduta in vendita alla rete. Alcune definizioni da tenere a mente sono:

- Energia elettrica prodotta da un impianto fotovoltaico è l'energia elettrica misurata all'uscita del gruppo di conversione della corrente alternata, prima che sia disponibile alle utenze o immessa in rete elettrica
- La potenza nominale corrisponde alla potenza nominale del suo generatore fotovoltaico, determinata dalla somma della potenza elettrica di ciascun modulo fotovoltaico, misurata in Condizioni di Prova Standard

- Le ore equivalenti di utilizzazione sono il rapporto tra la produzione e la potenza (kWh/kW)
- L'irraggiamento solare è la potenza solare incidente su una superfice di area unitaria (W/mq)
- La radiazione solare è il valore integrale dell'irraggiamento su un periodo di tempo specificato (kWh/mq per ora)

Per il gli impianti fotovoltaici che sono riportati in seguito sono considerati di attività edilizia libera e *sono realizzati previa comunicazione, anche per via telematica, dell'inizio dei lavori* da parte dell'interessato all'amministrazione comunale:

a) impianti solari fotovoltaici aventi tutte le seguenti caratteristiche (ai sensi dell'articolo 11, comma 3, del decreto legislativo 30 maggio 2008, n. 115):

i. impianti aderenti o integrati nei tetti di edifici esistenti con la stessa inclinazione e lo stesso orientamento della falda e i cui componenti non modificano la sagoma degli edifici stessi;

ii. la superficie dell'impianto non è superiore a quella del tetto su cui viene realizzato; iii. gli interventi non ricadono nel campo di applicazione del decreto legislativo 22 gennaio 2004, n. 42 e s.m.i. recante Codice dei beni culturali e del paesaggio, nei casi previsti dall'articolo 11, comma 3, del decreto legislativo n. 115 del 2008.

b) impianti solari fotovoltaici aventi tutte le seguenti caratteristiche (ai sensi dell'articolo 6, comma 1, lettera d) del DPR 380 del 2001):

i. realizzati su edifici esistenti o sulle loro pertinenze;

ii. aventi una capacità di generazione compatibile con il regime di scambio sul posto;

iii. realizzati al di fuori della zona A) di cui al decreto del Ministro per i lavori pubblici 2 aprile 1968, n. 1444; 12.2.

Sono realizzabili mediante denuncia di inizio attività:

a) impianti solari fotovoltaici non ricadenti fra quelli di cui al punto 12.1 aventi tutte le seguenti caratteristiche:

i. moduli fotovoltaici sono collocati sugli edifici; 10

ii. la superficie complessiva dei moduli fotovoltaici dell'impianto non sia superiore a quella del tetto dell'edificio sul quale i moduli sono collocati.

b) impianti solari fotovoltaici non ricadenti fra quelli di cui al paragrafo 12.1, e 12.2 lettera a), aventi capacità di generazione inferiore alla soglia indicata alla Tabella A allegata al d.lgs. 387 del 2003, come introdotta dall'articolo 2, comma 161, della legge n. 244 del 2007

10.2 Solare termico

Il solare termico utilizza tecnologie volte a convertire le radiazioni solari in calore, per il riscaldamento dell'acqua sanitaria e per il riscaldamento degli ambienti (a bassa temperatura tra i 45 i 65 °C), per applicazioni in processi industriali (a temperatura media e alta 100-250 °C) e per la produzione del freddo (solar cooling) con temperatura che variano da 65-110 °C. I componenti principali di un impianto solare termico a bassa temperatura per la produzione di acqua sanitaria sono:

- sistema di captazione della radiazione solare
- sistema di accumulo
- circuito idraulico che colleghi i collettori all'accumulo

Il sistema di captazione può essere costituito da una delle due tipologie principali di collettori solari. Per gli impianti domestici sono i collettori piani vetrati e quelli a tubi sottovuoto. I collettori piani vetrati, i più diffusi in Italia, sono ideali per la produzione di ACS e hanno generalmente efficienze minori di quelle dei collettori a tubi sottovuoto, rispetto ai quali sono però più economici. I collettori a tubi sottovuoto sono più efficienti, specie con temperature esterne fredde e con scarsa insolazione, ma sono leggermente più costosi. La configurazione di un impianto solare termico è definita sulla base dei fabbisogni dell'utenza, della posizione geografica e delle condizioni climatiche del luogo d'installazione. L'impianto solare termico è solitamente progettato per soddisfare dal 60 al 70% del fabbisogno di ACS su base annuale e mai il 100%. Le principali categorie di configurazioni degli impianti solari termici sono:

- Impianti a circuito aperto
- Impianti a circuito chiuso. Gli impianti a circuito chiuso possono a loro volta essere suddivisi in due tipologie, a circolazione naturale e circolazione forzata

Se in fase di progettazione un impianto solare tecnico è correttamente dimensionato si potrà ovviare a malfunzionamenti causati dai fenomeni della stagnazione ove si raggiungono temperature elevate.

Spesso tale fenomeno è eliminato con l'introduzione di un vaso di espansione o di opportune valvole di sfiato. Non esiste un installazione ottimale del collettore ma dipende dei fabbisogni di ACS e dalla tipologia di impianto ad integrazione, esempio:

Un impianto orientato a Sud e fortemente inclinato produrrà il 95% dell'energia richiesta nei mesi estivi e il 75% nei mesi invernali. TOT 85% su base annua.

Un impianto orientato a Sud , poco inclinato e semplicemente appoggiato alla falda del tetto , produrrà il 95% dell'energia richiesta nei mesi estivi e il 40% nei mesi invernali. TOT 68% su base annua.

Un impianto orientato ad Ovest o Est , poco inclinato e semplicemente appoggiato alla falda del tetto , produrrà il 95% dell'energia richiesta nei mesi estivi e il 15% nei mesi invernali. TOT 55% su base annua

In uno studio condotto dall'ENEA si afferma che la produttività energetica di un impianto solare oscilla tra i 600 e gli 800 kWh per m2 a seconda del collettore utilizzato e a seconda della localizzazione dell'impianto. Il costo di un impianto di produzione di acqua calda sanitaria, dipende dalle dimensioni dell'impianto (quantità producibile) e dalla presenza o meno di sistemi di integrazione e dalla loro tipologia (a metano, elettrici, a gasolio). Nel caso di impianti ad uso domestico è stato stimato un costo compreso tra 800 e 1200 € a m2. Il periodo di ammortamento oscilla tra i 6/7 anni.

In Italia il D. Lgs. 311/2006 ha introdotto l'obbligo di installare sistemi a fonti rinnovabili capaci di **soddisfare almeno il 50%** del fabbisogno di ACS. In particolare le date dell'obbligo erano così declinate:

- *il 20%* quando la richiesta del pertinente titolo edilizio è *presentata dal 31 maggio 2012 al 31 dicembre 2013*
- *il 35%* quando la richiesta è presentata *dal 1° gennaio 2014 al 31 dicembre 2016*
- *il 50%* quando la richiesta è rilasciata *dal 1° gennaio 2017.*

Con il termine "energia geotermica" si intende generalmente il calore disponibile a temperatura maggiore di quella ambientale, che può essere estratto dal sottosuolo e sfruttato. La classificazione delle risorse geotermiche è basata sull'entalpia dei fluidi termovettori che trasferiscono il calore dalle masse calde profonde alla superficie. Quindi può essere suddivisa in risorsa a bassa, media ed alta entalpia. L'energia geotermica può essere utilizzata per alimentare impianti per la produzione di energia elettrica o essere utilizzata sotto forma di calore. Un impianto a circuito chiuso che utilizza l'energia geotermica per la climatizzazione è composto da:

- pompa di calore
- sistema di accoppiamento con il terreno;
- sistema di distribuzione ed erogazione del calore

L'efficienza delle pompe di calore è essenzialmente funzione della temperatura dell'acqua calda richiesta dall'utenza, che può essere:

- 35°C bassa temperatura
- da 35-50°C medio-bassa temperatura
- da 50-65°C medio-alta temperatura
- oltre 65°C alta temperatura

Se la pompa di calore funzione in regime reversibile si può raffrescare gratuitamente. La classificazione degli impianti avviene rispetto alla taglia della pompa di calore ossia:

o piccoli impianti (fino a 30 kW)
o grandi impianti (oltre 30 kW)

Gli impianti radianti possono assumere caratteristiche innovative come i *solai attivi* o avere i tradizionali *ventilconvettori*. Le caratteristiche del terreno possono riassumersi in due tipologie:

a) strato termicamente instabile, prevalentemente sfruttato con sistemi di scambio orizzontali;

b) strato termicamente stabile, prevalentemente sfruttato con sistemi di scambio verticali

La temperatura dello strato termicamente stabile si può calcolare come: il valore della media annuale delle temperature dell'aria esterna; tuttavia, nel caso di zone ad anomalia termica il valore della media annuale delle temperature dell'aria esterna può differire dal valore di temperatura medio nel terreno. Inoltre, il valore di temperatura nello strato stabile cresce in funzione della profondità in ragione di un gradiente termico pari a 0,03 °C/m. La conduttività termica del terreno dipende dai materiali di cui esso è composto, la densità ρ e il calore specifico cp e il prodotto tra questi due ultimi parametri è denominato *capacità termica del terreno*. Al fine di verificarne le caratteristiche si può adottare il test TRT (Test di Risposta Termica). Le *sonde orizzontali* sono sistemi particolarmente interessanti soprattutto per edifici di tipo residenziale, caratterizzati in generale da una richiesta di calore per il riscaldamento maggiore rispetto a quella per il raffrescamento. Queste tipi di sonde sono posti ad una profondità variabile dalla superfice del terreno che va da 1 a 2 m. Nel caso di impianto a sonde verticali vanno tenute in considerazioni riguardanti le falde acquifere e la temperatura del terreno. Le metodologie di dimensionamento sono di tipo analitico o di tipo standardizzato. Le sonde verticale vengono poste ad una distanza di circa 10 m praticando un foro di profondità di circa 13 cm.

10.4 Generatori eolici

Tra le fonti di energia rinnovabile di annovera in pieno l'energia eolica. Il principio di funzionamento degli aerogeneratori è lo stesso dei mulini a vento: il vento che spinge le pale. Ma nel caso degli aerogeneratori il movimento di rotazione delle pale viene trasmesso ad un generatore che produce elettricità. Il tipo più diffuso è l'aerogeneratore di taglia media, alto oltre 50 metri, con due o tre pale lunghe circa 20 metri. Questo tipo di aerogeneratore è in grado di erogare una potenza di 500-600 kW e soddisfa il fabbisogno elettrico giornaliero di circa 500 famiglie. Le parti di un aerogeneratore sono:

- rotore
- sistema frenante
- moltiplicatore di giri
- generatore
- sistema di controllo
- navicella e sistema di imbardata
- torre e fondamenta

Ogni aerogeneratore di regola va installato ad una distanza tra le 10-20 volte la lunghezza delle pale. Individuazione della zona di installazione dipende da tanti fattori in particolare dalla continua presenza del vento, dalla rugosità del terreno. Una buona localizzazione per l'installazione di un aerogeneratore si può riassumere in: terreno a bassa rugosità, pendenza tra i 6-16 gradi di pendenza e velocità del vento di almeno 5,5 m/s. In fase di progettazione occorre tenere conto delle modalità dei possibili impatti ambientali e paesaggistici e vengono indicati alcuni criteri di inserimento e misure di mitigazione , fermo restando che la sostenibilità degli impianti dipende da diversi fattori e che luoghi, potenze e tipologie differenti possono presentare criticità sensibilmente diverse. Nello specifico per impianti eolici industriali soggetti *all'autorizzazione unica* di cui all'articolo 12 del decreto legislativo 29 dicembre 2003, n. 387, nel rispetto delle norme vigenti in materia di tutela dell'ambiente e del paesaggio. Per l'eolico ad uso residenziale civile è sufficiente la semplice *comunicazione* o in alcuni casi la *denuncia di inizio attività*.

10.5 Generatore di calore

10.5.1 Generatori di calore a combustibile

La moltitudine e più diffusi generatori di calore sono quelli a combustibile. In questa famigli sono annoverate tutte le *caldaie* che utilizzano combustibile solido, liquido o gassoso. La reazione chimica di ossidazione tra il combustibile e il comburente (ossigeno) comporta la produzione di calore (Q) e la produzione di prodotti gassosi (*fumi*). La realtà delle combustioni non avviene in condizioni stechiometriche, ma con caratteristiche molto vicine ad essa. Di tutto il calore prodotto una parte viene dissipata (Q_d) sotto forma di perdite. Nella scelta del combustibile oltre al prezzo di acquisto occorre tenere presente dei seguenti proprietà:

* Il potere calorifico inferiore (Pci) definisce la quantità di calore liberata durante una combustione completa, quando l'acqua che si viene a formare è sotto forma di vapore
* Il potere calorifico superiore (Pcs) definisce la quantità di calore liberata durante una combustione completa, incluso il calore latente di evaporazione contenuto nel vapore acqueo dei gas di combustione

Nel processo di combustione, oltre alle quantità di calore dissipato, sono contenuti sostanze inquinanti e sostanze nocive e corrosive.

- Anidride Carbonica (CO_2)
- Ossido e monossido di azoto (NO_x-NO)
- Monossido di carbonio
- Ossidi di zolfo ($SO_2 - SO_2$)
- Ceneri e metalli

Il PM10 rappresenta la frazione di particolato atmosferico con diametro delle particelle inferiore a 10 μm, il PM2.5 la frazione ancora più fine (diametro delle particelle inferiore a 2.5 μm). Gli studi epidemiologici hanno mostrato una correlazione tra le concentrazioni di polveri in aria e la manifestazione di malattie croniche alle vie respiratorie, in particolare asma, bronchiti, enfisemi. A livello di effetti indiretti inoltre il particolato agisce da veicolo per sostanze ad elevata tossicità (come ad esempio gli IPA). I contributi principali a livello nazionale all'inquinamento dell'aria derivano per i macroinquinanti, dai trasporti stradali (che contribuiscono al 49% delle emissioni di ossidi di azoto, al 12% del PM10, al 22% del monossido di carbonio e al 44% del benzene), dal riscaldamento domestico (che contribuisce da solo al 59% del PM10 primario e del monossido di carbonio, all'11% degli ossidi di azoto) e dal settore industriale ed energetico (75% degli ossidi di zolfo, 17% degli ossidi di azoto e 11% del PM10)[16]

Le parti che costituiscono una caldaia tipo sono:

- Bruciatore
- Camera di combustione
- Scambiatore di calore
- Sistemi di controllo e sicurezza

Le principali definizioni che descrivono le caratteristiche e le prestazioni di una caldaia si riportano di seguito:

- Potenza al Focolare (**Pf**). E' il prodotto del potere calorico inferiore del combustibile per la portata di combustibile [kW].
- Potenza Termica Utile (**Pn**). E' la potenza data dalla quantità di calore trasferita dal focolare allo scambiatore [kW]
- Rendimento Termico Utile (η_P). È il rapporto tra la potenza termica utile e la potenza termica al focolare

Le Tipologie di generatori si possono riassumere

---

[16] Fonte Legambiente

a. Caldaia standard con temperatura di esercizio media
b. Caldaia con temperatura di esercizio tra i 35-40°C dette a bassa temperatura:
c. Caldaia a condensazione: sono realizzate per realizzare e sfruttare la condensazione del vapore acqueo dei gas di scarico

Per ogni tipologia di caldaia i particolari costruttivi di ogni tipologia di caldaia deve rispondere al requisito minimo di rendimento[17]. Per le caldaie standard da 80-88%, per le caldaie a bassa temperatura da 88,5-91,5% e per le caldaie a condensazione dal 978,5-99,5%. Quest'ultime convenzionalmente superano il rendimento del 100%.

10.5.2 Biomassa

La produzione di energia da biomassa è la fonte più importante di energia rinnovabile per la produzione di energia elettrica e calore ed in particola la produzione di calore da biomasse solide, elettricità da biomasse, biogas e bioliquidi, biocarburanti da colture zuccherine, cerealicole e oleaginose. Le biomasse più comunemente usate per la produzione di energia termica/elettrica sono essenzialmente legna, residui forestali, agricoli e agroindustriali. In particolare per il riscaldamento domestico vengono utilizzati stufe a legna, stufe a pellet, camini e termo camini. Anche se scarsamente diffusi in Italia, circa 80, gli impianti di teleriscaldamento utilizzano per il 50% di biomasse solide per alimentare i generatori. Nel 2016 i prezzi[18] della legna dura è di 130 €/t, sacchi di pellet 15 kg all'ingrosso 180 €/t mentre al dettaglio 215 €/t, cippato A1 a 130 €/t, cippato A2 a 90 €/t e cippato B a 50 €/t. I biocarburanti sono carburanti allo stato liquidi o gassoso che sono ottenuti dal trattamento delle biomasse. I biocarburanti sono classificati in biocarburanti di **prima generazione** e biocarburanti di **seconda generazione**. La classificazione dipende dalla natura della materia prima utilizzata e dal processo di produzione. Sono considerati biocarburanti di prima generazione quelli prodotti da materie prime agricole come zuccheri e oli alimentari. Sono considerati biocarburanti di seconda generazione quelli prodotti da materie organiche non alimentari come scarti ad esempio del latte, alghe e micro alghe e quindi la loro produzione non ha un impatto sul mercato agroalimentare.

---

[17] Direttiva Europea 92/42 CEE
[18] Fonte ARIEL

10.5.3 Pompe di calore

La pompa di calore è una macchina elettrica che sfrutta il ciclo termodinamico del fluido refrigerante, trasferendo il calore da una sorgente a bassa temperatura ad un ambiente a più alta temperatura. In pratica il funzionamento è simile a quello di un frigorifero, ma invertito. Estrae il calore da una fonte naturale (aria, acqua o terra) e lo trasporta dentro l'edificio alla temperatura idonea, in funzione del tipo di impianto di riscaldamento. Le pompe di calore possono utilizzare diverse fonti di energia:

- Aria (
- Terreno (sonde geotermiche)
- Acqua (pozzi e falde)
- Calore di scarto (calore residuo)

I componenti di un impianto sono la pompa di calore, il bollitore e il serbatoio di accumulo. Definendo i rendimenti occorre differenziarli tra rendimento nominale e rendimento stagionale. Il *rendimento nominale COP* (Coefficient of Performance) indica il rapporto tra la potenza termica resa all'impianto e la potenza elettrica spesa dalla pompa di calore. Avere un COP pari a 3,9 significa che a fronte di un assorbimento pari a 3,9 kW la pompa ha restituito una potenza all'impianto pari 15,6 kW. Ma ciò di cui bisogna tenere realmente conto è il *rendimento stagionale SCOP* (Seasonal Coefficient of Performance) che tiene conto delle effettive condizioni (temperatura esterna, umidità esterna) di lavoro della macchina nell'impianto.

Molte pompe di calore in commercio sono in grado di produrre acqua sanitaria a temperatura che oscilla tra 40-50°C

Quali tra queste voci di entrata, relative ad un generico investimento in un impianto fotovoltaico, non sono ammissibili in relazione alla normativa vigente?
o Tariffa incentivante del conto energia per impianti di potenza nominale superiore ai 200 kWp
o Vendita del surplus energetico (energia immessa – energia prelevata) in regime di "ritiro dedicato"
1. Vendita del surplus energetico (energia immessa – energia prelevata) in regime di "scambio sul posto"
o Valorizzazione economica del surplus energetico (energia immessa – energia prelevata) in regime di "scambio sul posto"

Negli impianti fotovoltaici che cosa rappresenta il BOS (Balance of System)?
2. Le perdite di rendimento dovute alle singole apparecchiature
o Il sistema di controllo della tensione in uscita degli inverter
o Il numero di stringhe dell'impianto
o L'angolo di orientamento dell'impianto rispetto al sud

Qual è il significato di "grid parity"?
3. Il raggiungimento del medesimo costo di generazione rispetto alle tecnologie convenzionali da parte del fotovoltaico
o Il fatto che l'energia elettrica proveniente da una qualunque fonte rinnovabile ha gli stessi diritti di dispacciamento e commercializzazione una volta immessa in rete
o E' un meccanismo che consente ai possessori di impianti fotovoltaici di pagare solo il saldo tra l'energia immessa in rete e quella consumata
o E' il raggiungimento del tetto massimo di potenza incentivabile con il meccanismo del conto energia

[19] Quesiti fonte SECEM

In un impianto fotovoltaico, il Dispositivo Generale separa:
o il gruppo di generazione dall'impianto del produttore
o i gruppi di generazione l'uno dall'altro
4. l'impianto elettrico del produttore dalla rete elettrica nazionale
o le stringhe dell'impianto fotovoltaico

L'efficienza di conversione delle celle attualmente disponibili sul mercato varia dal:
o 5 % al 10 %
5. 12 % al 20 %
o 35 % al 48%
o 85 % al 94 %

L'attuale tecnologia delle celle e dei pannelli fotovoltaici sfrutta il silicio perché:
o È liberamente disponibile in natura, svincolando così l'estrazione/produzione da pericolose posizioni dominanti
o Non ci sono alternative a tale materiale per costituire le celle
o È un sottoprodotto dell'industria elettronica
6. Il processo di estrazione dalla sabbia non è più sottoposto a brevetti, e chiunque può realizzarlo senza pagare royalties

Il D. Lgs. 3 marzo 2011 , n. 28 introduce, nell'ambito di attività di edilizia libera, alcune novità stabilendo che l'autorizzazione alla costruzione e all'esercizio di impianti alimentati a fonti rinnovabili, sia subordinata alla presentazione al Comune competente :
7. della Procedura Abilitativa Semplificata (PAS)
o della Denuncia di Inizio Attività (DIA)
o della Segnalazione Certificata di Inizio Attività (SCIA)
o del permesso di costruire

Che cos'è un'utenza "stand alone":
8. Un'utenza elettrica non collegata alla rete
o Un'utenza elettrica alimentata con energie rinnovabili
o Un'utenza elettrica con assorbimenti concentrati in un breve periodo dell'anno
o Un'utenza elettrica lontana dai centri abitati

Quanta energia elettrica può produrre, in media in un anno, un impianto FV da 3 kWp installato nel nord Italia, considerando delle condizioni meteo standard?
o   1000 kWh
9.   2000 kWh
o   4000 kWh
o   8000 kWh

Un impianto solare termico a circolazione forzata può essere opportunamente progettato e dimensionato per scaldare acqua calda sia per usi sanitari sia per riscaldare gli ambienti. Tale tipologia di configurazione impiantistica risulta essere particolarmente conveniente nei seguenti casi:
o   vi sia un elevato fabbisogno termico di riscaldamento nei mesi invernali
o   l'edificio sia termicamente isolato e dotato di una caldaia efficiente e ben da un punto di vista energetico ed economico a prescindere dalle condizioni e dal fabbisogno regolata, a prescindere dal fabbisogno termico stagionale
10.   vi sia un elevato fabbisogno di riscaldamento, che vada almeno da ottobre ad aprile, e l'edificio sia termicamente ben isolato e dotato di una caldaia (o altro impianto termico) efficiente e ben regolata
o   nessuna delle ipotesi precedenti, un impianto termico risulta conveniente dell'edificio esistenti

Quando è più conveniente ricorrere al solare termico?
11.   Quando l'edificio è rivolto a sud
o   Quando i consumi di acqua sono molto concentrati in un breve periodo della giornata
o   Quando i consumi termici sono concentrati nel periodo estivo
o   Quando c'è scarsa disponibilità di acqua dalla rete

Se le principali applicazioni di una fonte di energia alternativa sono: impianti per la produzione di acqua calda sanitaria (ACS), impianti per il riscaldamento di piscine e impianti per il riscaldamento invernale delle abitazioni si sta parlando di:

12. Solare termico per la produzione di calore a bassa e media temperatura
o Impianti di cogenerazione
o Wind Energy
o Solare termodinamico

Installando i pannelli solari verso sud e con inclinazione di 60° sull'orizzonte:
o Si favorisce il rendimento estivo
o Si riduce la sovrapproduzione di calore invernale
13. Si favorisce il rendimento invernale
o Si facilita l'installazione dei pannelli

Il fenomeno della "stagnazione" è:
o il surriscaldamento del serbatoio di accumulo del sistema solare termico
14. il surriscaldamento sia del serbatoio sia del circuito del sistema solare termico
o il surriscaldamento sia del serbatoio sia del collettore del sistema solare termico
o dovuta ad una richiesta maggiore al massimo consentito da parte dell'utenza
Il corretto dimensionamento dell'impianto solare termico è:
15. Molto importante, in quanto l'energia termica in eccesso non può essere ceduta in rete come accade con l'elettricità e con il fotovoltaico, e dopo diverse ore viene dispersa
o Molto importante, perché solo l'energia termica prodotta e auto consumata ha diritto ai CV
o Non determinante, in quanto il calore in eccesso può essere venduto ai distributori locali
o Non determinante, in quanto il calore in eccesso può essere immagazzinato in boilers coibentati per parecchi giorni ed utilizzato successivamente

Tra i casi sotto evidenziati , il rendimento di un pannello solare per acqua calda è influenzato:
o Dalla grandezza della superficie
16. Dall'angolo tra il piano perpendicolare alla superficie del pannello e il sud
o Dall'inclinazione del tetto
o Dalle dimensioni del serbatoio di accumulo

Il pay-back medio per l'installazione di un impianto solare termico domestico usufruendo delle detrazioni del 65% è di:
o 2-3 anni
17. 5-6 anni
o 10-12 anni
o Non è determinabile con i normali metodi di calcolo

Generalmente qual è la distanza minima tra due sonde geotermiche verticali?
o 5 m
18. 10 m
o 20 m
o 30 m

Le sonde geotermiche orizzontali vengono installate ad una profondità di:
o 0,5 m
19. 1-2 m
o 5 m
o 10 m

In Italia la temperatura media del suolo a 10 metri di profondità è pari a:
20. 10°C
o 15°C
o 20°C
o 25°C

Relativamente agli impianti di trasformazione dell'energia dal vento:
- ○ La tecnologia del micro-eolico (impianti con potenza inferiore a 3 kW) è attualmente la vera forza trainante del mercato eolico, a livello mondiale ed europeo
- ○ Sono preferibili a quelli fotovoltaici perché, funzionando anche di notte, producono, a parità di potenza installata, fino a 10 volte più energia
- 21. La realizzazione di un impianto eolico non può prescindere da una adeguata campagna di rilevazione anemometrica e dallo studio della morfologia del territorio su cui le turbine andranno ad insistere
- ○ La tecnologia MagLev (a levitazione magnetica) costituisce attualmente una valida alternativa alle più tradizionali turbine eoliche dotate, normalmente, di sistemi meccanici e cuscinetti

Quali tra i seguenti aspetti risulta il meno importante nel momento di decidere ove inserire un impianto eolico?
- ○ La presenza di una linea di connessione sufficientemente "capace nell'area"
- ○ L'accessibilità viaria al sito
- ○ L'assenza di norme di natura prescrittiva (vincoli, moratorie ecc.) nell'area di riferimento
- 22. La prossimità di un centro di consumo dove destinare l'energia prodotta

Quali sono mediamente le condizioni di ventosità minime perché possa aver luogo la generazione di energia da un impianto eolico?
- 23. 4-5 metri al secondo
- ○ 10 metri al secondo
- ○ 20 metri al secondo
- ○ Non esiste un limite inferiore: le pale gireranno in qualsiasi condizione di vento, proporzionalmente alla quantità di vento presente

I maggiori operatori che svolgono l'attività di produzione di energia eolica in Italia sono:
o Vestas e Suzlon
24. International Power e Enel Green Power
o Vestas e Terna
o Non è facile da dirsi in quanto le quote di mercato sono estremamente disperse

Nella formula della potenza del vento P = ½ A ρ v3, il simbolo v è elevato alla terza potenza il che vuol dire che se v raddoppia la potenza del vento diventa 8 volte superiore. Che cosa indica il simbolo v?
25. La velocità del vento
o Il volume dell'aria che impatta sulle pale del rotore
o La varianza statistica della distribuzione della pressione atmosferica nel sito dell'installazione
o E' un parametro adimensionale che tiene in conto il fattore di forma delle pale

Nella ricerca del sito idoneo è bene considerare gli aspetti fondamentali sia dal punto di vista morfologico (si deve tener conto di una adeguata ventosità, e l'andamento della velocità e della direzione del vento devono essere sufficientemente omogenei) che da quello economico. In generale è sufficiente:
26. Il funzionamento per 1500 - 2000 ore all'anno
o Il funzionamento per 3000 - 3500 ore all'anno
o Il funzionamento superiore alle 5000 ore all'anno
o La vicinanza della rete elettrica

Perché i rendimenti delle caldaie a condensazione presentano valori superiori al 100%?
- o Perché nel calcolo di tale rendimento la potenza al focolare fa riferimento al potere calorifico superiore
- o Perché nel calcolo di tale rendimento la potenza al focolare fa riferimento al potere calorifico inferiore
27. Perché viene recuperata anche la parte di calore sensibile presente nei fumi
- o Perché per una convenzione ormai generalmente accettata il rendimento è definito da un rapporto di potenze termiche misurate in kW invece che in kcal/h

Quali sono le problematiche ricorrenti nelle caldaie a vapore?
28. Ingombri elevati (superficie disponibile e altezza camino) e corrosione
- o Poca versatilità nell'impiego di combustibili diversi (es. Liquidi/gassosi) e bassi rendimenti di combustione
- o Necessità di frequente manutenzione
- o Basse temperature dell'acqua in uscita

Qual' è la differenza tra caldaie tradizionali e caldaie a condensazione?
- o La caldaia a condensazione, lavorando mediamente a temperature più alte rispetto alla tradizionale, non necessita di superfici di scambio inossidabili
- o La caldaia a condensazione ha un rendimento maggiore rispetto alla caldaia tradizionale perché sfrutta il calore sensibile contenuto nei gas esausti
29. La caldaia a condensazione ha un rendimento maggiore della caldaia tradizionale perché sfrutta anche il calore latente rilasciato dal vapore d'acqua contenuto nei gas di scarico
- o La caldaia a condensazione ha un rendimento minore rispetto alla caldaia tradizionale ma, essendo intrinsecamente più versatile, può essere utilizzata anche per impianti a bassa temperatura

In un generatore di calore, la possibile causa di un'alta temperatura dei fumi è:
o Bruciatore sottodimensionato rispetto al corpo caldaia
30. Superfici di scambio sporche
o Bassa temperatura di domanda del calore
o Elevato rapporto C/H del combustibile

Quale dei seguenti componenti non fa parte di un generatore di vapore:
o Evaporatore
o Surriscaldatore
31. Condensatore
o Economizzatore

Un recupero di calore:
o È sempre conveniente
o Dipende dall'energia termica che è possibile recuperare
32. Non è consigliabile per bassi salti termici
o È da realizzarsi a patto che domanda e offerta di calore siano contemporanee per almeno 1000 ore/anno

Il rendimento di combustione (misurato rispetto al potere calorifico inferiore) di una caldaia a condensazione a gas:
o Può raggiungere anche il 99%, ma tale rendimento non può, ovviamente, superare il 100%
o Può superare il 117%
33. Può superare il 105%
o Oscilla dal 94 al 98%

Il vincolo di progetto più importante ai fini della decisione di costruire una centrale termoelettrica alimentata a biomasse è:
o La qualità della biomassa
o L'origine geografica della biomassa
34. La certezza della continuità di approvvigionamento
o Le dimensioni della pezzatura

Il biodiesel è ottenuto soprattutto da:
o   Agrumi
o   Vegetali
35. Piante oleaginose
o   Sansa esausta

Oltre al biodiesel, un secondo combustibile potrebbe essere usato per autotrazione: quale dei seguenti?
o   Etere fosforico
o   Trinitrotoluolo
36. Alcol etilico
o   Alcol butirrico27

Quale tipologia di grandi impianti a biomassa, pur presentando interessanti scenari di sviluppo futuro, è al momento meno diffusa sul territorio italiano?
o   Impianti a biomassa solida (pellet, cippato, legna vergine)
37. Impianti a biomassa liquida (oli vegetali, bioetanolo)
o   Impianti di digestione anaerobica di reflui zootecnici
o   Impianti alimentati da biogas da discarica

L'energia rinnovabile che si ricava dalle biomasse è:
o   Energia solare
o   Energia liberata dalla combustione, identica a quella che si ricava da un combustibile fossile
38. Energia chimica di legame
o   Energia pulita

Le biomasse sono il combustibile più antico utilizzato dall'uomo per produrre calore per fini civili e industriali. Quale dei seguenti prodotti diventa biomassa per effetto di specifici trattamenti strettamente normati:
o   Scarti di falegnameria
39. Sansa esausta
o   Legna da ardere
o   CDR

Normalmente, com'è il potere calorifico del biogas da discarica rispetto a quello prodotto da reflui o da fanghi di depurazione?
o Maggiore
40. Minore
o Uguale
o I due tipi di biogas sono indistinguibili

I biocarburanti di seconda generazione:
o Sono quelli ricavati dalla spremitura di semi e frutti come il palma e la jatropha
o Derivano da una trasformazione chimica degli oli per un loro adattamento ai motori utilizzati
o Sono tutti gli oli che derivano da un ciclo di rigenerazione
41. Sono i biocarburanti ricavati da materiali ligno-cellulosici non alimentari

Oltre al biodiesel, un secondo combustibile potrebbe essere usato per autotrazione: quale dei seguenti?
o Etere fosforico
o Trinitrotoluolo
42. Alcol etilico
o Alcol butirrico

Il biodiesel è un biocombustibile liquido ottenuto:
43. mediante transesterificazione dell'olio vegetale
o mediante distillazione della canna da zucchero
o mediante digestione anaerobica della biomasse
o principalmente dall'olio di colza

Le pompe di calore per uso residenziale hanno una temperatura massima di produzione di acqua calda pari a:
o 25°C
44. 40°C
o 60°C
o 80°C

Il coefficiente di prestazione delle pompe di calore (COP) elettriche:
45. rappresenta il rapporto tra l'energia termica resa a temperatura più alta e l'energia elettrica consumata
o rappresenta il rapporto tra l'energia elettrica consumata e l'energia termica resa
o è una quantità sempre inferiore all'unità
o è una quantità negativa in caso di ciclo termodinamico frigorifero

Il compressore di una pompa di calore compie lavoro e riesce a "muovere" calore da un corpo freddo ad un corpo caldo. Di quale forma energetica necessita il compressore per effettuare il trasferimento del calore?
o Energia termica
46. Energia meccanica
o Energia elettrica
o Energia chimica

Il parametro caratteristico della pompa di calore è il COP: coefficiente di "prestazione"; esso indica il guadagno della pompa, cioè quante unità di energia vengono rese a temperatura più alta per ogni unità di energia impiegata dal compressore. COP uguale a 3 indica che la pompa, per ogni kilowattora consumato:
47. Rende disponibili 3 kilowattora alla temperatura più alta
o Estrae 3 kilowattora dalla sorgente più fredda
o Rende disponibile 1 kilowattora in 3 ore
o Rende disponibile 1/3 di kilowattora termico

Il COP e l'EER significano rispettivamente:
o Cooperativa per l' Efficienza Energetica ed il Risparmio
o Consorzio per la Produzione di Energia Elettrica e Rinnovabili
48. Coefficient Of Performance ed Energy Efficiency Ratio
o Sono sigle di indicatori economici

11   ALTRI ESEMEPI DI ESERCITAZIONI[20]

11.1 Esercitazioni sulla parte generale

11.1.1 Esempi quesiti di esame[21] e risposte

Cosa significa l'acronimo I.E.E?
o   Intelligent Environment Europe
1.   Intelligent Energy Europe
o   Institute of Energetic of Europe
o   Institute of Energy and Environment

In Italia, in media, quanta CO_2 viene immessa in atmosfera per produrre un kWh di energia elettrica, facendo riferimento al mix nazionale delle fonti fossili utilizzate?
o   50 g di CO_2
o   200 g di CO_2
2.   500 g di CO_2
o   950 g di CO_2

Un TWh di energia corrisponde a:
o   un milione di kWh
o   mille MWh
3.   un milione di MWh
o   un miliardo di Wh

---

[20] Quesiti fonte SECEM
[21] Quesiti fonte SECEM

La Life Cycle Cost Analysis (LCCA):
4. è uno strumento economico che permette di valutare tutti i costi relativi ad un determinato progetto, dalla "culla" alla "tomba"
o è una metodologia di analisi che valuta un insieme di interazioni che un prodotto o un servizio hanno con l'ambiente
o è uno strumento di valutazione economica basato sull'attualizzazione dei flussi di cassa futuri
o si propone di individuare le migliori tecnologie di generazione energetica che possono essere inserite in un determinato contesto edilizio ed energetico

Le esternalità negative sono:
5. costi generati come conseguenza della realizzazione di un progetto e che ricadono sulla collettività anziché essere sostenuti da chi li ha generati
o strumenti utilizzati esclusivamente per la misurazione dell'inquinamento provocato dalla realizzazione di un impianto alimentato a combustibili fossili
o strumenti di valorizzazione economica dei costi legati alla realizzazione di un impianto fotovoltaico
o strumenti per la valutazione della bontà dell'investimento e per il confronto tra più progetti di realizzazione di impianti di generazione energetica

L' EROEI (Energy Returned On Energy Invested) è un indicatore energetico:
6. che indica il rapporto fra l'energia che un impianto di generazione produrrà durante il suo ciclo vitale e l'energia investita per la costruzione di quello stesso impianto
o finalizzato a valutare la convenienza dell'investimento
o che si propone di quantificare l'inquinamento ambientale conseguente alla realizzazione di un qualsivoglia intervento di natura impiantistica e/o edilizia
o indica il consumo di energia di un impianto di generazione

Come si definisce l'indice di profitto IP?
o Il miglior tasso di interesse reperibile sul mercato dei capitali
7. Il rapporto tra il VAN (valore attuale netto) e l'investimento
o Il rapporto tra flusso di cassa ed investimento
o La redditività dell'intervento di risparmio energetico marginale

Il contratto di rendimento energetico è un accordo contrattuale:
o valido se il rendimento degli impianti è maggiore di 1
o standard per la Pubblica Amministrazione
8. tra il beneficiario e il fornitore riguardante una misura di miglioramento dell'efficienza energetica, i cui pagamenti a fronte degli investimenti in siffatta misura sono effettuati in funzione del miglioramento dell'efficienza energetica stabilito contrattualmente
o ancora in fase di definizione

Il contratto "servizio energia plus" è un tipo di contratto che richiede al fornitore, oltre al rispetto dei requisiti e delle prestazioni del contratto SE base, di:
o avere un sistema di qualità aziendale conforme alla ISO 50001:2012
o fare un deposito cauzionale pari al 55% dell'importo a base d'asta
o procedere alla sostituzione degli impianti inefficienti entro un periodo di tempo fissato dalla legge
9. avere un sistema di qualità aziendale conforme alla ISO 9001:2000

Secondo il Regolamento per la manutenzione degli impianti termici negli edifici (D.P.R.74/2013), i valori massimi della temperatura negli ambienti per il riscaldamento sono:
o 20° C per tutte le tipologie edilizie
o 20° C + 2° C di tolleranza per gli edifici a destinazione industriale o artigianale
10. 20° C + 2° C di tolleranza per gli edifici a destinazione non industriale o artigianale
o 24° C negli uffici pubblici

L'analisi del costo del ciclo di vita (LCCA) è uno strumento economico che permette di valutare:
o i costi di investimento iniziale del progetto
11. tutti i costi relativi ad un determinato progetto dalla "culla" alla "tomba"
o i costi marginali e la redditività
o gli scostamenti tra preventivo e consuntivo

La sezione ottimale di un conduttore elettrico:
o viene imposta per legge per evitare pericolosi surriscaldamenti o fuori servizio
o come criterio, va calcolata bilanciando le perdite ohmiche e le perdite induttive
12. va determinata imponendo che il VAN (valore attuale netto) sia massimo
o è un riferimento per il calcolo delle protezioni da corto circuito

Un contratto "servizio energia plus":
13. è un energy performace contract
o è un accordo contrattuale per la gestione degli impianti
o è un accordo tra il beneficiario e il fornitore dell'energia elettrica
o non è un contratto di rendimento energetico

La potenza persa da un alternatore (macchina sincrona) è data dalla somma di diverse perdite; quali fra le seguenti non contribuiscono a tale perdita?
o Perdite meccaniche per attrito e ventilazione Pav
o Perdite nel rame statorico Pj
o Perdite nel ferro Pf
14. Perdite sincrone Ps

1 TEP di energia primaria corrisponde a:
o circa 8250 Sm3 di gas naturale
15. circa 1200 Sm3 di gas naturale
o dipende dal rendimento di trasformazione
o circa 1000 kg di gas naturale

Che cosa si intende per "gradi giorno" di una località?

16. La somma, estesa a tutti i giorni di un periodo annuale convenzionale di riscaldamento, delle sole differenze positive giornaliere tra la temperatura dell'ambiente, convenzionalmente fissata a 20°C, e la temperatura media esterna giornaliera

o La temperatura minima giornaliera della località con la quale va dimensionata la potenza termica da installare

o La temperatura interna dei locali da riscaldare nella località scelta, come risultante da una media pesata i cui pesi sono le superfici disperdenti

o La somma, estesa a tutti i giorni dell'anno, delle differenze positive e negative giornaliere tra la temperatura dell'ambiente, convenzionalmente fissata a 20°C, e la temperatura media esterna giornaliera

Il grado di reazione di uno stadio di una turbomacchina è:

17. il rapporto tra la variazione di entalpia nel rotore e la variazione di entalpia nello stadio

o il rapporto tra la variazione di entalpia nello statore e la variazione di entalpia nello stadio

o il rapporto tra la variazione di entalpia nel rotore e la variazione di entalpia nello statore

o il rapporto tra la variazione di entalpia nello statore e la variazione di entalpia nel rotore

Il rendimento globale stagionale medio è il prodotto dei rendimenti di:

18. distribuzione, generazione, emissione, regolazione

o distribuzione, generazione, trasmissione, regolazione

o distribuzione, generazione, emissione, gestione

o distribuzione, generazione, emissione, climatizzazione

Il Valore Attuale Netto - VAN - è un indicatore economico espresso:

o In unità energetiche (es. Tep/anno, GJ/anno, ecc.)

o In ricchezza annuale (es. €/anno)

o In percentuale (es. € risparmiati/€ investiti)

19. In denaro attualizzato all'anno zero (es. €)

Il fattore di Luce Diurna medio è:
o Il rapporto del valore medio di illuminamento misurato all'interno dei locali contemporaneamente al valore dell'illuminamento rilevato in esterno
o Un indice di disponibilità della luce diurna in un locale ove sia presente una area finestrata; l'indice espresso come rapporto tra tale superficie e l'area del locale deve risultare superiore ad 1/8
20. Il rapporto del valore medio di illuminamento misurato all'interno ai locali contemporaneamente al valore dell'illuminamento rilevato in esterno, in zona non interessata dalla radiazione solare diretta, preferibilmente in una giornata di cielo coperto, che irradia solo luce diffusa.
o La sola componente diffusa dell'illuminamento rilevato al suolo tramite luxmetro, e normalizzata rispetto ad una condizione standard (Norma UNI 10840)

Nell'ambito di un'attività di Energy Management realizzata nei confronti di una piccola media impresa, è opportuno rifasare l'impianto elettrico esistente:
21. Nei casi in cui il fattore di potenza medio mensile sia inferiore a 0,9
o In qualsiasi caso (il rifasamento è un'attività che porta sempre migliorie all'impianto esistente, a prescindere dal suo attuale stato di funzionamento)
o Nel solo caso in cui il fattore di potenza medio mensile risulti essere inferiore a 0,7
o In nessuno dei casi precedenti: ha senso effettuare l'attività di rifasamento esclusivamente per quelle imprese che consumano più di 1.000.000 kWhe/anno

Quali tra questi fenomeni non richiede la presenza di un "vettore" per la propagazione del calore:
o Conduzione
o Convezione
o Evaporazione
22. Irraggiamento

Quali sono i principali obiettivi della domotica nel campo dell'Uso Razionale dell'Energia?
o   Fornire la possibilità per l'inserimento di nuove tecnologie all'interno di impianti ed edifici
23. Contribuire all'efficienza energetica, aumentando nel contempo la qualità di vita delle persone e la sicurezza degli edifici
o   Diminuire il consumo energetico
o   Migliorare la qualità di vita delle persone che ne usufruiscono

Un fattore che aumenta le probabilità di successo di un intervento di efficientamento energetico è:
o   Intervenire in un contesto in cui progettazione, realizzazione, gestione degli impianti produttivi risulti impeccabile
24. Le elevate potenze installate e i lunghi tempi di funzionamento (ore/anno) degli apparati oggetto dell'intervento
o   Elevato costo del denaro
o   Basso costo dell'energia risparmiata

Il "lux" corrisponde:
o   All'unità di misura dell'intensità luminosa
25. All'unità di misura dell'illuminamento
o   All'unità di misura della luminanza
o   All'unità di misura della corrente

Per un impianto a gasolio la canna fumaria può essere:
o   In materiale plastico
o   In eternit
o   In alluminio
26. In acciaio inossidabile

Secondo l'art.1 della legge di conversione n.135 del 7 agosto 2012 (spending review 2) la pubblica amministrazione:
o Può avviare procedure autonome di acquisto per alcune categorie merceologiche
27. Può avviare procedure autonome di acquisto per tutte le categorie merceologiche
o Non può mai avviare procedure autonome di acquisto
o Può avviare procedure autonome di acquisto solo dopo autorizzazione da parte di CONSIP

Il decreto attuativo, il DM 26 giugno 2009, sulla certificazione energetica degli edifici, ha previsto, nel paragrafo 9 dell'allegato A, la possibilità di un'autodichiarazione del proprietario dell'edificio:
o Per ogni tipologia di immobile
o Solo se l'immobile è scadente
28. Non è più valida l'autocertificazione poiché il paragrafo 9) è stato abrogato
o E' valida solo nelle regioni che hanno emanato un proprio regolamento regionale

Nel "car sharing":
o Un gruppo di utenti condivide una stessa vettura fornita da un'apposita agenzia, dividendo le spese proporzionalmente ai km percorsi da ogni membro
29. Un utente prenota una vettura, la ritira in un dato parcheggio, e dopo averla utilizzata la riconsegna nello stesso luogo
o Un taxi speciale trasporta a destinazione non un solo cliente ma quelli che si sono prenotati su quella specifica tratta
o Un gruppo di utenti si costituisce in una mini organizzazione di trasporto, che programma giornalmente e soddisfa le diverse esigenze. I costi vengono ripartiti su base giornaliera con un contributo dell'amministrazione

La quantità di calore occorrente per portare un grammo di acqua dalla temperatura di 14,5 a 15,5 gradi centigradi è definita:
o   Calore latente
30. Caloria
o   Calore di reazione
o   Calore specifico

Il funzionamento di un compressore alternativo è caratterizzato dalle seguenti fasi:
o   Aspirazione, compressione, mandata, scarico
o   Aspirazione, ritenzione, mandata, espansione
o   Aspirazione, compressione, scoppio, scarico
31. Aspirazione, compressione, mandata, espansione

Come si definisce il TIR (Tasso Interno di Rendimento)?
o   Il costo del capitale per l'investitore al netto dei costi fissi
32. Il valore del costo del capitale che rende il VAN (valore attuale netto) uguale a zero
o   Il costo opportunità depurato dell'inflazione e della deriva rispetto all'inflazione del costo dell'energia
o   Il rendimento equivalente (pesato) di una serie di investimenti tra loro alternativi, in cui i pesi sono costituiti dai flussi di cassa

Se un motore da 100 kW lavora per 4000 ore/anno al 100% della potenza nominale, in occasione di un suo fuori servizio:
33. Può essere sostituito da uno di maggior potenza
o   Può essere sostituito da uno di minor potenza
o   Può essere sostituito da un motore ad alto rendimento
o   È correttamente dimensionato

Con quale disposto legislativo vengono solitamente recepite le direttive europee:
o   Decreto Ministeriale
o   Decreto del Presidente Consiglio dei Ministri
o   Decreto del Presidente della Repubblica
34. Decreto Legislativo

Quali sono gli attori che agiscono all'interno del fenomeno delle lobbies?

o Certe élite politiche che agiscono da decisori

35. Soggetti competenti e influenti che sostengono gli interessi economici di una o più imprese nei rapporti con gli stakeholders

o Soggetti competenti e influenti che sostengono gli interessi di una o più imprese nei rapporti con le istituzioni

o Soggetti che detengono il potere legislativo, esecutivo e di controllo delle attività economiche

La determinazione del costo del denaro da utilizzare nei calcoli di convenienza economica per interventi di risparmio energetico:

o Dipende dal costo dell'energia utilizzata

o Dipende dal tasso Euribor

36. Dipende dalle specifiche condizioni che l'istituto di credito riconosce all'imprenditore

o E' funzione dei presunti tempi di esecuzione degli interventi

Rispetto ad un contratto di nomina a Terzo Responsabile, un Contratto Servizio Energia si differenzia in quanto prevede sempre le seguenti ulteriori prestazioni a carico dell'appaltatore:

o Messa a norma degli impianti

o Effettuazione della Manutenzione Straordinaria

o Registrazione della funzionalità e dell'efficienza dell'impianto a inizio e fine contratto e loro confronto

37. Registrazione della funzionalità e dell'efficienza dell'impianto a inizio e fine contratto, loro confronto ed obbligo di registrarne un miglioramento

Come si chiama quella macchina elettrica rotante basata sul fenomeno dell'induzione elettromagnetica, che trasforma energia meccanica in energia elettrica sotto forma di corrente alternata:

38. Alternatore

o Dinamo

o Motore asincrono

o Motore sincrono

Con il termine "Emission Trading" si intende:
o L'obbligo di ridurre le emissioni di gas serra nei limiti imposti dal protocollo di Kyoto
o La possibilità di sviluppare progetti congiunti per la riduzione delle emissioni di gas serra
39. La possibilità fra i paesi aderenti al protocollo di Kyoto di scambiare tra loro i propri diritti di emissioni
o L'obbligo di ridurre nel periodo 2008-2012 le emissioni di gas serra di almeno il 5% rispetto ai loro valori registrati nel 1990

Il rifasamento distribuito, rispetto al rifasamento in cabina elettrica, conviene se:
o Il carico elettrico è concentrato su pochi, grandi utilizzatori
40. Le grandi utenze elettriche sono distanti dalla cabina elettrica
o Se gli utilizzatori sono in maggioranza di bassa potenza
o Se il carico resistivo è superiore al carico induttivo

Per la sottrazione di CO2 dall'ambiente è più efficace:
41. Un bosco di alberi vecchi
o Un bosco rinnovato con continuità
o Indifferente
o Sostituire i boschi con i prati per foraggio

Il secondo principio della termodinamica stabilisce che:
o L'energia meccanica si può trasformare integralmente in energia termica (calore) per via degli effetti di attrito
42. È impossibile realizzare un processo in cui l'unico risultato sia quello di trasformare in lavoro il calore di una sorgente
o La variazione dell' energia interna di un sistema chiuso a seguito di una trasformazione ciclica assume valori sempre positivi
o La variazione dell' energia interna di un sistema chiuso a seguito di una trasformazione ciclica assume valori sempre negativi

La valvola di laminazione posta all'ingresso di una turbina a vapore per la regolazione del regime di rotazione agisce:
o riducendo la pressione del vapore
o riducendo la temperatura del vapore
43. riducendo l'entalpia del vapore
o aumentando l'entalpia del vapore

Il calore latente è:
o la quantità di energia necessaria per aumentare di 1 grado Kelvin la temperatura di un'unità di massa di una sostanza
44. la quantità di energia necessaria per ottenere una transizione di fase di una sostanza
o la quantità di energia sviluppata durante il processo di combustione di un combustibile
o la quantità di calore necessaria ad ossidare la sola componente organica di una sostanza

La comunicazione istituzionale può essere scomposta in:
o Comunicazione interna e relazioni pubbliche
45. Comunicazione rivolta ai cittadini e comunicazione rivolta a istituzioni e gruppi di interesse
o Comunicazione generale e comunicazione tecnica
o Comunicazione integrata generale e comunicazione integrata interna

Cos'è il flusso di cassa, nella valutazione di convenienza di un piano di efficienza energetica?
o La quantità di energia risparmiata all'anno
o Il valore delle apparecchiature impiegate per il miglioramento dell'efficienza
o Il risparmio economico nell'arco di durata degli interventi di efficientamento
46. Il risparmio economico annuale

Ad un tasso del 5%, un capitale attuale di 10.000 € avrà un valore, tra 5 anni (non è necessaria la calcolatrice):
o Minore di 10.000 €
47. Maggiore di 10.000 €
o Quasi uguale a 10.000 €
o Occorre conoscere altri parametri per effettuare il calcolo

La definizione del Contratto Servizio Energia è stata data per la prima volta all'interno:
48. Del D.P.R. 412/93
o Della legge 10/91
o Della Circolare 273/E/1998 del Ministero delle Finanze
o Dalla Legge Finanziaria 2007

Indicare tra le seguenti l'unica affermazione corretta:
o Il protocollo di Kyoto è stato firmato nel 1995
49. L'UNFCCC è l'organismo delle Nazioni Unite che ha il compito di studiare i cambiamenti climatici
o Gli obiettivi di Kyoto scadono al 2012, e molto probabilmente non verranno raggiunti.
o L'Emissions Trading è un meccanismo di tipo 'command and control'

La scrittura corretta per l'unità energetica 'kilowattora' è:
50. kWh
o KWH
o KWh
o KW/h

Che caratteristica hanno gli interventi di risparmio energetico inquadrabili nel "good house keeping"?
51. nHanno un basso costo di investimento in quanto sono ricollegati soprattutto al mantenimento delle prestazioni delle utilities
o Sono destinati agli impianti di produzione energetica (generatori di calore ed elettrici)
o Hanno un elevato costo di investimento perché riguardanti specificamente il processo produttivo
o Sono implementabili esclusivamente da personale interno

124

E' probabile che abbia un pay-back inferiore ad un anno uno dei seguenti interventi:

52. Installazione di un inverter su un ventilatore da 120 kW in una torre evaporativa
    o Sostituzione del sistema di climatizzazione con un sistema di tri-generazione
    o Riduzione della sezione delle condotte di un circuito a vapore saturo
    o Installazione di un impianto fotovoltaico in conto energia

Una direttiva dell'unione europea:
    o È immediatamente applicabile, ma solo ai singoli stati membri cui è rivolta
    o È immediatamente applicabile nei termini della sua emanazione a tutti gli stati membri
53. Ha bisogno di essere recepita dall'ordinamento nazionale dello stato membro a cui è rivolta per avere effetto
    o Non è vincolante per nessuno degli stati membri

L'analisi di scenario:
    o È una fase del bilancio sociale
    o È una analisi che identifica le tendenze dell'opinione pubblica
    o È la fase finale del piano di comunicazione che valuta i risultati delle azioni comunicative
54. È una analisi che definisce il contesto sociale in cui si deve operare e suggerisce la strategia di comunicazione

Quali sono i limiti del tempo di ritorno (o payback)?
    o Non tiene in conto il flusso di cassa lordo dell'operazione
    o E' sempre superiore al tempo di ritorno attualizzato
    o Non considera il costo del capitale
55. Considera un intervento tanto più economico quanto più basso è il valore del payback

Un Contratto Servizio Energia prevede sempre il finanziamento da parte dell'Appaltatore degli investimenti per il miglioramento dell'efficienza energetica:
56. Vero
    o Falso
    o Dipende dalla durata del contratto
    o E' normato tramite apposito decreto Ministeriale

Vantaggi del "recupero prioritario dell'investimento" quale meccanismo economico premiante nei Contratti Servizio Energia sono:
    o La riduzione della durata del contratto permette di godere di una maggiore vita utile degli interventi di risparmio energetico realizzati dal fornitore
57. La riduzione della durata del contratto permette di godere per più tempo dei risparmi indotti dagli interventi di risparmio energetico realizzati dal fornitore
    o La riduzione della durata del contratto non rende necessaria una dettagliata definizione contrattuale dei consumi di riferimento
    o Qualora gli impianti installati non abbiano dato le prestazioni previste e non abbiano ripagato i costi del progetto entro la fine del termine massimo di durata del contratto, la perdita viene ripartita tra cliente e fornitore

Quale unità di misura si utilizza per misurare il consumo di fonti primarie di energia?
    o 1000 calorie [kcal]
    o 1 milione di Wattora [MWh]
58. 1 tonnellata equivalente di petrolio [Tep]
    o 1 milione di erg [Merg]

Se un motore da 50 kW lavora per 6000 ore/anno al 50% della potenza nominale, in occasione di un suo fuori servizio:
    o Può essere sostituito da uno di maggior potenza
59. Può essere sostituito da uno di minor potenza
    o Può essere sostituito da un motore ad alto rendimento
    o Può convenire il suo più frequente riavvolgimento

Cosa sono gli stakeholders:
o Insieme dei soggetti che hanno interessi economici nei confronti dell'azienda e ne influenzano le decisioni
o Insieme dei soggetti che indirizzano l'opinione pubblica con il loro comportamento
60. Insieme dei soggetti che hanno un interesse nei confronti dell'azienda e con il loro comportamento ne influenzano l'attività
o Insieme dei soggetti che su mandato dell'azienda ne curano la comunicazione pubblica

L'analisi di sensibilità va condotta:
o All'inizio dell'analisi economica per individuare i parametri da cui dipende il VAN
61. Al termine dell'analisi per individuare i parametri critici
o Per individuare le interrelazioni tra investimento e risparmi
o Per individuare gli interventi più efficaci dal punto di vista del risparmio ottenibile

A seguito di un Performance Contracting:
62. Il pagamento del servizio è basato esclusivamente sul raggiungimento di un determinato livello di miglioramento dell'efficienza energetica stabilito contrattualmente
o Il pagamento del servizio è dipendente (in tutto od in parte) dalla dimensione dei risparmi realizzati
o Un terzo soggetto - oltre al fornitore di energia e al beneficiario della misura di miglioramento dell'efficienza energetica - fornisce i capitali per la misura di efficientamento e addebita al beneficiario un canone pari a una parte del risparmio energetico conseguito
o Il cliente si libera dei rischi finanziari, ma deve assumersi i rischi tecnici

Una zona adatta per un impianto idroelettrico è:
- o Qualsiasi corso d'acqua che abbia una grande portata
- o Un corso d'acqua che abbia un grande salto
- o Un sito dove il prodotto di salto e portata garantiscono la copertura dei costi
63. Una vallata che consenta l'imbrigliamento di un corso d'acqua per la creazione di un bacino artificiale

Il DM 15 marzo 2012 (c.d. BurderSharing):
64. Definisce e qualifica gli obiettivi regionali in materia di fonti rinnovabili
    - o Assegna all'Italia la percentuale di produzione di energia da fonte rinnovabile per il raggiungimento dell'obiettivo europeo al 2020
    - o Assegna all'Italia la percentuale di riduzione di emissioni di CO_2 per il raggiungimento dell'obiettivo europeo al 2020
    - o Definisce e qualifica gli obiettivi regionali in materia di emissioni gas serra

Nella società a responsabilità limitata il capitale minimo è di diecimila euro. L'adozione di questa forma societaria viene preferita alla società per azioni per lo svolgimento di attività di impresa di:
- o Grande dimensione
- o Multinazionale
- o Microimpresa
65. Media dimensione

La Termografia all' Infrarosso è una tecnica rapida ed affidabile per identificare e misurare:
- o Le temperature dei componenti elettrici, termici o strutturali che operano a temperature troppo elevate
- o Gli scostamenti delle temperature misurate da un indice internazionale di riferimento
66. Un delta T rispetto alla temperatura campione
    - o La temperatura di un corpo nero

La chilocaloria è la quantità di calore necessaria per innalzare la temperatura di:

67. 1 kg di acqua da 14,5 a 15,5 °C
    o   1 m3 di acqua da 14,5 a 15,5 °C
    o   1 grammo di acqua a temperatura ambiente
    o   1 litro di acqua a temperatura di ebollizione

Se due corpi si trovano in equilibrio termico con un terzo corpo allora essi sono in reciproco equilibrio termico. Questo è detto:
    o   Principio uno
68. Principio zero
    o   Principio dell'indeterminazione
    o   Principio del terzo corpo

Il trasferimento di energia tra una superficie solida ed un liquido o gas adiacente che la lambisce e che può essere forzata o naturale è definita come:
69. Convezione
    o   Irraggiamento
    o   Conduzione
    o   Genericamente scambio termico

L'illuminamento è definito come il rapporto tra il flusso luminoso ricevuto da una superficie e l'area della superficie stessa. Praticamente indica la quantità di luce che colpisce un'unità di superficie. La sua unità di misura è:
    o   Il lumen (lm)
70. Il lux (lumen/m2)
    o   Il lumen/watt (lm/w)
    o   Il grado kelvin (K)

In generale i Contratti Servizio Energia ed i Contratti Servizio Energia plus devono avere una durata:
71. Non inferiore ad un anno e non superiore a dieci anni
    o   Da sei mesi ad un anno
    o   Intorno ad un quinquennio
    o   Illimitata

PARTE CIVILE

12   ALTRI ESEMEPI DI ESERCITAZIONI[22]

12.1 Esercitazioni sulla parte civile

12.1.1 Esempi quesiti di esame[23] e risposte

La resa termica dei radiatori è espressa in funzione:
- o   del singolo elemento
1. di tutti gli elementi costituenti il radiatore
- o   dalla posizione in cui il radiatore è installato
- o   dal numero di radiatori presenti in un immobile

Il "punto di rugiada", che corrisponde alla temperatura sotto la quale si innesca il processo di condensazione, è:
2. circa 54° C
- o   circa 45° C
- o   circa 60° C
- o   circa 40° C

Il coefficiente di prestazione delle pompe di calore (COP) elettriche:
3. rappresenta il rapporto tra l'energia termica resa a temperatura più alta e l'energia elettrica consumata
- o   rappresenta il rapporto tra l'energia elettrica consumata e l'energia termica resa
- o   è una quantità sempre inferiore all'unità
- o   è una quantità negativa in caso di ciclo termodinamico frigorifero

---

[22] Quesiti fonte SECEM
[23] Quesiti fonte SECEM

*Negli impianti termici di nuova installazione e nelle ristruttura-
zioni, qualora fossero adottati sistemi a ventilazione meccanica
controllata, è prescritta l'adozione di apparecchiature per il recupero del calore disperso per il rinnovo dell'aria ogni qualvolta:*

4. la portata totale dell'aria di ricambio è di 10.000 m3/h ed il
   numero di ore annue di funzionamento dei sistemi di ventilazione sia superiore a 1.000 h oltre i 2.100 gradi giorno
o la portata totale dell'aria di ricambio è di 5.000 m3/h ed il numero di ore annue di funzionamento dei sistemi di ventilazione
   sia superiore a 1.000 h oltre i 2.100 gradi
o la portata totale dell'aria di ricambio è di 2.000 m3/h ed il numero di ore annue di funzionamento dei sistemi di ventilazione
   sia superiore a 1.000 h oltre i 2.100 gradi giorno
o la portata totale dell'aria di ricambio è di 5.000 m3/h ed il numero di ore annue di funzionamento dei sistemi di ventilazione
   sia superiore a 800 h oltre i 2.100 gradi giorno

Il Coefficiente di durabilità è:
o scelto dal progettista
5. il rapporto fra la vita tecnica e la vita utile dell'intervento ed è
   compreso fra 1,00 e 4,58. Varia in funzione delle classi indicate
   dalle tabelle ministeriali e delle schede di valutazione dei risparmi
o rappresentato dalla durata dell'intervento
o il rapporto fra la vita tecnica e la vita utile dell'intervento ed è
   compreso fra 1,00 e 1,58

Potenza termica al focolare è:
o potenza effettivamente disponibile all'utente
6. potenza sviluppata dal processo di combustione
o il rapporto tra la potenza utile e la potenza frigorifera
o differenza tra la potenza utile e la perdita al camino con bruciatore funzionante

Che cosa si intende per "gradi giorno" di una località?

7. La somma, estesa a tutti i giorni di un periodo annuale convenzionale di riscaldamento, delle sole differenze positive giornaliere tra la temperatura dell'ambiente, convenzionalmente fissata a 20°C, e la temperatura media esterna giornaliera

o La temperatura minima giornaliera della località con la quale va dimensionata la potenza termica da installare

o La temperatura interna dei locali da riscaldare nella località scelta, come risultante da una media pesata i cui pesi sono le superfici disperdenti

o La somma, estesa a tutti i giorni dell'anno, delle differenze positive e negative giornaliere tra la temperatura dell'ambiente, convenzionalmente fissata a 20°C, e la temperatura media esterna giornaliera

Nel caso di edifici nuovi o edifici sottoposti a ristrutturazioni rilevanti, gli impianti di produzione di energia termica devono essere progettati e realizzati, per la richiesta del pertinente titolo edilizio, in modo da garantire il contemporaneo rispetto della copertura, tramite il ricorso ad energia prodotta da impianti alimentati da fonti rinnovabili, del 50% dei consumi previsti per l'acqua calda sanitaria e, per il periodo che va dal 31 maggio 2012 al 31 dicembre 2013, dalla seguente percentuale della somma dei consumi previsti per l'acqua calda sanitaria, il riscaldamento e il raffrescamento:

8. 20 %

o 35 %

o 15 %

o 10 %

Nel vano dell'edificio, dove avviene la consegna del fluido energetico, è installato un contatore di energia termica per l'acqua calda che fluisce agli alloggi tramite una valvola di zona la cui regolazione è pilotata dal:

9. termostato ambiente posto in ogni alloggio
o contatore di calore
o una valvola a tre vie
o una serpentina posta all'esterno

Per essere classificate "ad alto rendimento" una caldaia deve garantire un rendimento a regime almeno:
o pari o superiore a 99%
o pari o superiore a 101%
10. pari o superiore a 90%
o pari o superiore a 110%

La Direttiva 2006/32/CE definisce Servizio Energetico "La prestazione materiale, l'utilità o il vantaggio derivante dalla combinazione di energia con tecnologie e/o operazioni che utilizzano efficacemente l'energia, che possono includere le attività di gestione, di manutenzione e di controllo necessarie alla prestazione del servizio, la cui fornitura è:
11. effettuata sulla base di un contratto
o svolta da personale qualificato e certificato
o attuabile all'interno del patto di stabilità
o detraibile dalle imposte ed esonerato dalle accise

La certificazione energetica di cui al decreto legislativo 19 agosto 2005 n° 192 e successive modificazioni, si considera equivalente ad una:
o analisi di fattibilità
o analisi costi benefici
12. diagnosi energetica
o dichiarazione sostitutiva

Per le metodologie di calcolo delle prestazioni energetiche degli edifici si adottano le norme tecniche nazionali:
- ISO 9001
- UNI CEI 11339
- UNI CEI 11352
13. UNI TS 11300

Le celle vengono assemblate in moduli, più moduli costituiscono un pannello, più pannelli formano una stringa. Molte stringhe collegate in parallelo costituiscono:
- un pacco di stringhe
14. un generatore fotovoltaico
- un collegamento serie-parallelo
- le stringhe si collegano in serie

Gli impianti entrati in esercizio in data successiva al 30 giugno 2009, possono accedere ai certificati verdi o alle tariffe onnicomprensive a condizione che i medesimi impianti non beneficino di altri incentivi pubblici di natura nazionale, regionale, locale o comunitaria in conto energia, in conto capitale o in conto interessi con capitalizzazione anticipata, assegnati dopo il 31 dicembre 2007. Tale regola generale prevede due eccezioni:
- no, una sola eccezione
15. gli impianti alimentati da biomasse e biogas derivanti da prodotti agricoli e gli impianti di proprietà di aziende agricole o gestiti in connessione con aziende agricole, agroalimentari, di allevamento e forestali, alimentati da biogas e biomasse
- tutti gli impianti a biogas animale e vegetale
- gli impianti a cippato e pellet

Il D.Lgs. 115/08 introduce degli obblighi per le Pubbliche Amministrazioni in tema uso efficiente energia, di norma per:

o solo investimenti finanziati dallo Stato
o sostituzione impianti inefficienti entro periodo di tempo fissato dalla legge
16. interventi di riqualificazione energetica con ricorso agli strumenti finanziari per il risparmio energetico, compresi i contratti di rendimento energetico
o per la gestione degli impianti

Qual' è la differenza tra caldaie tradizionali e caldaie a condensazione?

o La caldaia a condensazione, lavorando mediamente a temperature più alte rispetto alla tradizionale, non necessita di superfici di scambio inossidabili
17. La caldaia a condensazione ha un rendimento maggiore rispetto alla caldaia tradizionale perché sfrutta il calore sensibile contenuto nei gas esausti
o La caldaia a condensazione ha un rendimento maggiore della caldaia tradizionale perché sfrutta anche il calore latente rilasciato dal vapore d'acqua contenuto nei gas di scarico.
o La caldaia a condensazione ha un rendimento minore rispetto alla caldaia tradizionale ma, essendo intrinsecamente più versatile, può essere utilizzata anche per impianti a bassa temperatura

Quale delle seguenti affermazioni in merito alla coibentazione di pareti verticali è condivisibile?

o Il cappotto esterno può essere installato su qualunque tipologia di edificio
18. La parete ventilata è costituita da: parete intera, intercapedine, rivestimento esterno
o Il cappotto interno è la soluzione che consente l'azzeramento dei ponti termici
o Il progettista avrebbe l'interesse ad installare un coibente di maggior conducibilità e dunque di maggior spessore a parità di trasmittanza, così da poter incrementare la volumetria dell'edificio, e dunque il suo valore commerciale

Nel caso di edifici nuovi o edifici sottoposti a ristrutturazioni rilevanti, gli impianti di produzione di energia termica devono essere progettati e realizzati, per la richiesta del pertinente titolo edilizio, in modo da garantire il contemporaneo rispetto della copertura tramite il ricorso ad energia prodotta da impianti alimentati da fonti rinnovabili, del 50% dei consumi previsti per l'acqua calda sanitaria e, per il periodo che va dal 01 gennaio 2017, dalla seguente percentuale della somma dei consumi previsti per l'acqua calda sanitaria, il riscaldamento e il raffrescamento:

o   35%
o   20%
19. 50%
o   15%

La caldaia a condensazione rende di più di una caldaia tradizionale perché:
20. I fumi escono ad una temperatura inferiore rispetto alle caldaie tradizionali
o   Produce acqua calda a bassa temperatura
o   Ha una maggiore potenza termica
o   Ha lo scambiatore di calore in acciaio inossidabile

I materiali isolanti in commercio sono suddivisi in feltri, pannelli sfusi e schiumati. Relativamente alla classe dei feltri, quale tra questi materiali ne fa parte?
o   Lana di legno
o   Fibra di poliestere
21. Lana di roccia
o   Fibra di cellulosa

Un impianto a pannelli solari termici per produzione di acqua calda, per ragioni di convenienza economica, dovrebbe essere destinato:

o Alla produzione di acqua calda per l'impianto di riscaldamento ambienti

22. Considerato il notevole aumento di impianti di condizionamento installati negli ultimi anni, all'interfacciamento con un impianto ad assorbimento, per produrre freddo a costo zero durante la stagione estiva

o Alla produzione di sola acqua calda sanitaria

o Per poter saturare l'offerta annua di calore solare, alla produzione di acqua calda per il riscaldamento ambiente e di acqua calda sanitaria

Il rendimento luminoso è:

23. Il rapporto fra il flusso luminoso emesso dalla lampada verso l'esterno ed il flusso luminoso emesso dalla sorgente

o Il rapporto fra il flusso luminoso emesso dalla lampada verso l'esterno e la potenza assorbita

o Un parametro caratteristico dei vari tipi di lampada

o Il rendimento di una lampadina a led

Una pompa di calore è una macchina in grado di trasferire calore:

o Da un ambiente a temperatura più alta ad un ambiente a temperatura più bassa

24. Da un ambiente a temperatura più bassa ad un ambiente a temperatura più alta

o Da un pozzo caldo ad un pozzo freddo

o Da un condensatore ad un evaporatore

Ai sensi dell'art 13 del D.Lgs. 115/08, gli obblighi di edilizia pubblica in capo alle P.A. (tra cui quelle Comunali) comprendono in maniera sintetica:

a.   il ricorso agli strumenti finanziari per il risparmio energetico per la realizzazione degli interventi di riqualificazione che prevedono una riduzione dei consumi di energia misurabile e predeterminata;

b.   le diagnosi energetiche degli edifici pubblici o ad uso pubblico;

c.   la certificazione energetica degli edifici pubblici o ad uso pubblico in cui è richiesta l'affissione dell'attestato nel caso in cui la metratura utile supera i:

o   100 m2
o   500 m2
25. 1000 m2
o   10.000 m2

Nel rapporto di forma S/V, secondo i DD. Lgss. 192/05 e 311/06:
o   S è la sommatoria delle superfici interne dei locali riscaldati
26. S è la superficie che delimita verso l'esterno il volume riscaldato
o   V è il volume lordo dell'edificio
o   V è il volume riscaldato al netto del volume delle murature

Se durante una diagnosi energetica si rendesse necessario determinare con precisione la trasmittanza di una parete, si potrebbe:
o   Utilizzare un termometro differenziale
o   Praticare un foro passante, ed effettuare la misura con un laser doppler
o   Utilizzare un conduttivimetro
27. Utilizzare un termoflussimetro

Per un impianto a gasolio la canna fumaria può essere:
o In materiale plastico
o In eternit
o In alluminio
28. In acciaio inossidabile

Un ponte termico sull'involucro edilizio è:
29. Una discontinuità strutturale o una disomogeneità dell'involucro che concentra le linee di flusso termico aumentando le dispersioni
o Una chiusura trasparente 'critica' nelle murature (es. finestra con vetro singolo)
o La presenza di un punto caldo locale che provoca un aumento di dispersioni (es. una stufa elettrica)
o Il tratto di tubazione orizzontale che cortocircuita due colonne di un impianto di distribuzione dell'acqua calda

Il fattore di Luce Diurna medio richiesto, inteso come contributo dell'illuminazione naturale all'illuminazione ambiente è:

o Un limite obbligatorio definito dalla legislazione nazionale
o Un limite di riferimento definito nel suo valore minimo dalla norma UNI 10530
30. Un limite di riferimento definito a livello tecnico e variabile in funzione della attività svolta nell'ambiente
o Un limite 'lato utente' che non ha più senso poiché ormai ampiamente modificabile grazie ai moderni sistemi di regolazione dell'intensità luminosa

Il primo cogeneratore per usi in edilizia civile è stato il TOTEM. Esso aveva una potenzialità elettrica (kWe) e termica (kWt) di:
o 3 kWe e 8,5 kWt
31. 15 kWe e 39 kWt
o 30 kWe e 72 kWt
o 100 kWe e 215 kWt

Un impianto idroelettrico a ripompaggio è caratterizzato dalla possibilità di:

- Utilizzare alternativamente una doppia pompa volumetrica nella fase di pompaggio
32. Ripompare acqua dal bacino inferiore a quello superiore nei periodi di bassa richiesta di energia elettrica e riutilizzare l'energia potenziale del fluido in periodi di forte richiesta di energia elettrica
    - Utilizzare l'impianto per far fronte alle richieste di energia elettrica di base relativamente al Piano Energetico Nazionale
    - Utilizzo dell'impianto durante i periodi di forti piogge e no nella stagione secca

Una misura in remoto vuol dire:
- Una misura che si riferisce al passato
33. Una misura che avviene lontano dal luogo di rilevamento
    - Che si sta usando un sismografo
    - Che si sta usando un rilevamento satellitare (es. GPS)

Dato che le emissioni di inquinanti di un veicolo si misurano in grammi di inquinante emesso per kilometro percorso (g/km), quando il veicolo è fermo con il motore acceso le emissioni sono:
- Zero
- Infinito
- Non si possono misurare
34. Sono comprese mediamente nel calcolo delle emissioni del ciclo urbano/misto fornite dal costruttore

Il Piano Energetico Comunale viene definito:
35. Nella legge 10 del 1991
    - Nel D.P.R. D.P.R. 412/93 del 1993
    - Nel Decreto Legislativo 112 del 1998 "Conferimento di funzioni e compiti amministrativi dello Stato alle regioni ed agli enti locali"
    - Nel Decreto Legislativo 192 del 2005 quale adempimento obbligatorio correlato alla Certificazione Energetica degli Edifici

Quali parametri tra quelli sotto citati devono essere tenuti in conto all'atto della progettazione di un nuovo edificio, se si vuole minimizzarne la richiesta energetica?
o I gradi giorno
o Il numero di piani
36. Il rapporto S/V
o La cubatura complessiva

La costante di tempo di un edificio dipende da:
o Dalla sola capacità termica
o Dalla sola resistenza termica
o Dal tempo
37. Dalla capacità e dalla resistenza termiche

Una pompa di calore è una macchina in grado di trasferire calore:
o Da un ambiente a temperatura più alta ad un ambiente a temperatura più bassa
38. Da un ambiente a temperatura più bassa ad un ambiente a temperatura più alta
o Da un pozzo caldo ad un pozzo freddo
o Da un condensatore ad un evaporatore

Il "lumen" corrisponde:
o Al flusso luminoso emesso da una sorgente luminosa della potenza di 1 Watt uscente da un metro quadrato di superficie sferica di raggio un metro
39. Al flusso luminoso emesso da una sorgente luminosa di intensità di 1 Candela uscente da un metro quadrato di superficie sferica avente raggio un metro
o All'intensità luminosa emessa da un corpo nero ad una temperatura di 1766 gradi centigradi (fusione del platino), alla frequenza di 540 x 1012 Hz, in direzione perpendicolare ad un foro di uscita con un'area pari a 1/600 000 metri quadrati sotto la pressione di 101,325 Pascal
o All'illuminamento di una superficie di grado di bianco 00 da parte di una sorgente luminosa dell'intensità di 1 candela posta alla distanza di 1 metro in direzione perpendicolare alla superficie medesima

Gli impianti di produzione di energia elettrica da fonte rinnovabile alimentati a biomasse hanno interessanti prospettive di sviluppo nei prossimi anni. Sulla economicità dei progetti pesano però i costi di approvvigionamento della biomassa stessa. Qual è la vostra stima del costo attuale (Italia) espresso in unità energetiche di una biomassa costituita da cippato forestale o segatura di legno?

40. 0,5-2 €/GJ
o   4-7 €/GJ
o   10-15 €/GJ
o   25-30 €/GJ

In riferimento alla distribuzione dell'energia elettrica, nelle abitazioni comunemente arriva:
o   corrente trifase a 380 V
o   due fasi
o   corrente monofase a 125 V
41. una fase più il neutro

Nel "car pooling":
o   Vengono rese disponibili vetture, in dati luoghi della città, a tariffa chilometrica
o   Una vettura viene acquisita in leasing agevolato
42. Più persone si accordano per usare la stessa vettura di un membro del gruppo, dividendosi le spese
o   Un autista preleva direttamente dalle loro abitazioni più utenti che devono andare nello stesso luogo ad una data ora programmata. La tariffa usufruisce di un sostanziale contributo del Comune

La certificazione energetica per edifici oggetto di compravendita è obbligatoria a partire da:
o   10 gennaio 1991
o   1 luglio 2008
43. 1 luglio 2009
o   1 luglio 2010

Un'intercapedine vuota in una muratura esterna:
44. Espleta il massimo del potenziale di coibentazione, poiché l'aria ferma ha una conducibilità termica molto più bassa di qualunque materiale, seppur isolante
   o Attenua i rumori provenienti dall'esterno, ma data la sua tipica esiguità (qualche cm) non può contribuire significativamente all'isolamento termico degli ambienti interni
   o Potrebbe essere riempita di materiale coibente in schiuma o granulato, diminuendo così la trasmittanza della parete
   o Potrebbe essere saturata di gas inerte (es. azoto) per garantire un'ottima coibentazione

La diagnosi energetica di un edificio si propone come obiettivo:
   o Il calcolo dei gradi giorno effettivi con metodo strumentale-analitico
   o Il dimensionamento ottimale del generatore di calore e dei corpi scaldanti
   o Il calcolo di tutte le perdite e le rientranze di calore dell'edificio
45. L'analisi dei consumi energetici e l'individuazione degli interventi di ottimizzazione e risparmio energetico

Un impianto a tutt'aria ha buone capacità di regolazione in edifici multi ambiente?
   o Si, basta installare un inverter sul ventilatore principale
   o No, perché le condizioni dell'aria di immissione sono uniche dalla centrale di trattamento aria
46. Solo in parte in funzione delle condizioni dell'aria di immissione
   o Questo tipo di impianti non accetta regolazione

Una finestra è costituita da un vetro singolo di spessore 5 mm. La trasmittanza del vetro sia di 5,8 W/m2K. Se si raddoppia lo spessore del vetro (10 mm), la sua trasmittanza diventa:
47. 2,9 W/m2K
   o 5,6 W/m2K
   o 7,0 W/m2K
   o 11,6 W/m2K

Le lampade a led:

o Resteranno per molto tempo destinate ad utilizzazioni di nicchia a causa della luce esclusivamente monocromatica emessa

o Sono utilizzate principalmente per arredo urbano poiché sono assemblabili in strutture di qualunque forma

48. Sono ormai di utilizzazione generalizzata per qualunque impiego, ma il costo è ancora non competitivo con le sorgenti convenzionali

o Consumano molta meno energia delle lampade fluorescenti, ma la loro vita limitata (ca 5000 ore) rende il loro impiego adatto solo per pochi usi (tipicamente vani scale, magazzini, garage, ecc.)

Quale affermazione fra le seguenti si applica ad una rete di trasporto del calore:

49. Si possono ottenere vantaggi fiscali se la rete è abbinata ad impianti di cogenerazione con caldaie di integrazione

o Non si possono ottenere vantaggi fiscali se la rete è alimentata da impianti a biomassa

o Funzionalmente, non si possono sfruttare più sorgenti termiche, tanto meno la geotermia (temperature incompatibili)

o Per questioni di densità energetica, andrebbe sempre privilegiato il trasporto di vapore a bassa pressione rispetto ad altri vettori termici (acqua surriscaldata o acqua calda)

144

Ai sensi dell'art 13 del D. Lgs 115/08, gli obblighi di edilizia pubblica in capo alle P.A. (tra cui quelle Comunali) comprendono in maniera sintetica:
- *il ricorso agli strumenti finanziari per il risparmio energetico per la realizzazione degli interventi di riqualificazione che prevedono una riduzione dei consumi di energia misurabile e predeterminata;*
- *le diagnosi energetiche degli edifici pubblici o ad uso pubblico;*
- *la certificazione energetica degli edifici pubblici o ad uso pubblico e l'affissione dell'attestato di certificazione nel caso in cui la metratura utile supera i:*
o 100 m^2
o 500 m^2
50. 1000 m^2
o 10.000 m^2

Nella pianificazione della propria flotta di autoveicoli un'amministrazione comunale si trova di fronte 4 scelte: quale è a minor impatto ambientale?
o Ridurre del 90% il numero dei veicoli in dotazione
o Dotarsi di veicoli elettrici a batterie ricaricabili
51. Dotarsi di tutti veicoli elettrici a batterie ricaricabili con pannelli fotovoltaici
o Passare a veicoli alimentati a metano

In merito al D.M. 22.12.2006 su "approvazione del programma di misure ed interventi su utenze energetiche pubbliche" finalizzato alle realizzazione di diagnosi energetiche:

52. Le utenze sono scelte sulla base del criterio della rilevanza sociale, di conseguenza al primo posto sono collocati 'ospedali, cliniche e case di cura', ed a seguire 'scuole pubbliche'

o Il costo tipico di una diagnosi energetica per un impianto di illuminazione è stabilito (Allegato II) in 10.000 euro

o Vengono fornite indicazioni sulle modalità di realizzazione delle diagnosi relativamente ad edifici pubblici, impianti di Illuminazione Pubblica, sistemi idrici

o L'individuazione delle utenze e delle misure è demandata ad una commissione mista Ministero dello Sviluppo Economico-ENEA-ANCI

Quale di queste affermazioni relative ad un impianto termico a bassa temperatura e sempre vera?

o Dovrebbe essere sempre adottato poiché, come dice li nome, è a bassa temperatura, e dunque necessita di minor energia

53. Dovendo lavorare a bassa temperatura, a parità di potenza termica resa c'è necessità di una maggior superficie di scambio

o Viene realizzato nella maggior parte dei casi tramite tubi radianti (ad infrarossi), dunque può essere installato anche in retrofit con spesa contenuta

o Può essere alimentato esclusivamente da caldaie a condensazione che lavorano, appunto, a bassa temperatura

Il rendimento globale medio stagionale dell'impianto termico (D.Lgs. 192/05) è dato da:

o 77+ 3 logPn

54. 75+ 3 logPn

o 75+ 3 lnPn

o 73+ 5 lnPn

In quale dei casi elencati interviene il dispositivo di controllo dei prodotti della combustione TSF (termostato sicurezza fumi) presente nelle caldaie di Tipo B per impianti autonomi?
o   Se la concentrazione di CO è elevata
o   Se la temperatura dei fumi scende sotto la temperatura di rugiada
55. Se la canna fumaria è ostruita
o   Se si spegne la fiamma pilota

I vetri basso-emissivi:
o   Vanno installati al posto dei vetri singoli negli attuali infissi
o   Dannò il massimo di prestazione energetica se vengono accoppiati con pellicole atermiche
o   Esplicano la loro funzione soprattutto d'estate, quando bloccano la radiazione UV entrante e lasciano fuoriuscire le radiazioni IR
56. Sostituiscono i rispettivi vetri di un normale vetrocamera o un vetro semplice, migliorando il livello di isolamento

Quali sono i principali obiettivi della domotica nel campo dell'Uso Razionale dell'Energia?
o   Fornire la possibilità per l'inserimento di nuove tecnologie all'interno di impianti ed edifici
57. Contribuire all'efficienza energetica, aumentando nel contempo la qualità di vita delle persone e la sicurezza degli edifici
o   Diminuire il consumo energetico
o   Migliorare la qualità di vita delle persone che ne usufruiscono

Nel "car sharing":
o Un gruppo di utenti condivide una stessa vettura fornita da un'apposita agenzia, dividendo le spese proporzionalmente ai km percorsi da ogni membro
58. Un utente prenota una vettura, la ritira in un dato parcheggio, e dopo averla utilizzata la riconsegna nello stesso luogo o in luoghi segnalati della rete di car sharing
o Un taxi speciale trasporta a destinazione non un solo cliente ma quelli che si sono prenotati su quella specifica tratta
o Un gruppo di utenti si costituisce in una mini organizzazione di trasporto, che programma giornalmente e soddisfa le diverse esigenze. I costi vengono ripartiti su base giornaliera con un contributo dell'amministrazione

Quale adempimento impone il D.Lgs.192 del 19/08/2005 in materia di rendimento energetico degli edifici agli Energy Manager negli Enti Locali?
o Predisporre il bilancio energetico
o Imporre l'uso di fonti rinnovabili
59. Rilasciare l'attestato di verifica di rispondenza delle relazioni art.28 della legge 10/91
o Predisporre un catasto impianti con fonti rinnovabili

La "relazione tecnica attestante la rispondenza alle prescrizioni in materia di contenimento del consumo energetico degli edifici" del D. Lgs. 1 92/05 è contenuta
o Nell'Allegato A
o Nell'Allegato C
60. Nell'Allegato E
o Nell'Allegato G

Un impianto a tutt'aria ha buone capacità di regolazione in edifici multi ambiente?
- o Si, basta installare un inverter sul ventilatore principale
- o No, perché le condizioni dell'aria di immissione sono uniche dalla centrale di trattamento aria
61. Solo in parte in funzione delle condizioni dell'aria di immissione
- o Questo tipo di impianti non accetta regolazione

I materiali isolanti in commercio sono suddivisi in feltri, pannelli sfusi e schiumati. Relativamente alla classe dei feltri, quale tra questi materiali ne fa parte?
- o Lana di legno
- o Fibra di poliestere
62. Lana di roccia
- o Fibra di cellulosa

Il "lux" corrisponde:
- o All'unità di misura dell'intensità luminosa
63. All'unità di misura dell'illuminamento
- o All'unità di misura della luminanza
- o All'unità di misura della corrente

Per l'illuminazione notturna di una tangenziale urbana andrebbe privilegiata una sorgente luminosa del tipo:
- o A vapori di mercurio
64. Al sodio ad alta pressione
- o Al sodio a bassa pressione
- o Ad alogenuri

Se le principali applicazioni di una fonte di energia alternativa sono: impianti per la produzione di acqua calda sanitaria (ACS), impianti per il riscaldamento di piscine e impianti per il riscaldamento invernale delle abitazioni si sta parlando di:

o   Solare termico per la produzione di calore a bassa e media temperatura
65. Impianti di cogenerazione
o   Wind Energy
o   Solare termodinamico

Al di là dell'attuale fase di sperimentazione, per quanto riguarda l'utilizzo nel settore trasporti, l'idrogeno potrà essere trasportato e accumulato anche in:

o   Forma gassosa
o   Forma liquida
o   Adsorbito su materiali speciali
66. Forma gassosa, liquida e adsorbita

Ai sensi della norma vigente, il Piano Energetico Comunale è obbligatorio:

o   Per Comuni i cui consumi energetici siano superiori a 1.000 TEP (tonnellate equivalenti di petrolio)
67. Per i Comuni con popolazione superiore a 50.000 abitanti
o   Per i Comuni soggetti agli obblighi di controllo degli impianti termici ai sensi del D.P.R. 412/93
o   Per i soli Comuni metropolitani

Per gli impianti di riscaldamento invernale, alimentati a gas con Pn > 35 kWt, è previsto l'obbligo del controllo periodico da parte di un tecnico abilitato, ai sensi del D.Lgs 192/05 e s.m.i.. Con quale frequenza?

68. E' previsto il controllo con frequenza annuale, salvo indicazioni differenti fornite dalla legislazione regionale o dal costruttore del macchinario
o E' previsto il controllo con frequenza ogni quattro anni, salvo indicazioni differenti fornite dalla legislazione regionale o dal costruttore del macchinario
o Non c'è obbligo di controllo degli impianti
o E' previsto il controllo con frequenza ogni due anni, salvo indicazioni differenti fornite dalla legislazione regionale o dal costruttore del macchinario

Un ente pubblico che intende realizzare un impianto fotovoltaico di potenza pari a 30 kW su un edificio scolastico può accedere alle tariffe incentivanti previste dal 4° Conto Energia e, contemporaneamente, accedere a contributi pubblici a fondo perduto per la realizzazione del medesimo impianto fotovoltaico?

o Sempre
69. Mai
o Sì, se il contributo in conto capitale è inferiore al 60% del costo di investimento
o Sì, se il contributo in conto capitale è superiore al 60% del costo di investimento

Qual è la quota complessiva percentuale di energia da fonti rinnovabili sul consumo finale lordo di energia da conseguire entro il 2020 per l' Italia?

70. E' pari a 17 per cento
o E' pari a 20 per cento
o E' pari a 21 per cento
o E' pari a 18 per cento

Che rapporto intercorre tra la trasmittanza termica e la resistenza termica di una struttura muraria costituita da doppio paramento in laterizio ed interposto un foglio di polistirene estruso?

o   Nessun rapporto, i due valori non sono correlati

71. La trasmittanza termica è l'inverso della resistenza termica

o   Sono definizioni diverse dello stesso concetto fisico

o   La trasmittanza termica è pari al 126% della resistenza termica

La gassificazione tramite pirolisi di biomassa solida è un processo in cui:

72. Il syngas ottenuto deve essere bruciato nel luogo di produzione

o   Il calore ottenuto deve essere utilizzato nel luogo di produzione

o   Non è necessario fornire calore ad alta temperatura

o   I residui carboniosi possono essere riutilizzati come combustibili

Si ottiene la sostituzione ottimale (stesse caratteristiche luminose e minor consumo) di lampade ai vapori di mercurio da 125 W con lampade al sodio ad alta pressione della potenza di:

o   35 W

o   50 W

73. 70 W

o   100 W

Nel Decreto Ministeriale 5 maggio 2011 – Quarto Conto Energia – sono definiti "piccoli impianti":

o Gli impianti fotovoltaici realizzati su edifici che hanno una potenza non superiore a 1000 kW, gli altri impianti fotovoltaici con potenza non superiore a 200 kW operanti in regime di scambio sul posto, nonché gli impianti fotovoltaici di qualsiasi potenza realizzati su edifici ed aree delle Amministrazioni pubbliche di cui all'articolo 1, comma 2, del decreto legislativo n. 165 del 2001

74. Gli impianti fotovoltaici con potenza inferiore a 20 kW

o Gli impianti di potenza non superiore a 1000 kW, purché siano aderenti o integrati nei tetti degli edifici con la stessa inclinazione e lo stesso orientamento della falda e i cui componenti non modifichino la sagoma degli edifici stessi

o Gli impianti fotovoltaici realizzati su edifici che hanno una potenza non superiore a 1000 kW e tutti gli impianti fotovoltaici di potenza non superiore a 200 kW

Un impianto solare termico a circolazione forzata può essere opportunamente progettato e dimensionato per scaldare acqua sia per usi sanitari sia per riscaldare ambienti. Tale tipologia di configurazione impiantistica risulta essere particolarmente conveniente in quale dei seguenti casi:

75. Vi sia un elevato fabbisogno di riscaldamento che vada almeno da ottobre ad aprile e l'edificio sia termicamente ben isolato e dotato di una caldaia (o altro impianto termico) efficiente e ben regolata

o L'edificio sia termicamente isolato e dotato di una caldaia efficiente e ben regolata, a prescindere dal fabbisogno termico stagionale

o Vi sia un elevato fabbisogno termico di riscaldamento nei mesi invernali

o Nessuna delle ipotesi precedenti, un impianto termico risulta conveniente da un punto di vista energetico ed economico a prescindere dalle condizioni e dal fabbisogno dell'edificio esistenti

Gli impianti alimentati da fonti rinnovabili e gli impianti cogene-rativi ad alto rendimento, della potenza elettrica fino a 200 kW possono accedere al regime di Scambio sul posto in alternativa al-la cessione dell'energia prodotta in rete. In particolare, con rife-rimento al punto di connessione, il punto di immissione e quello di prelievo devono coincidere; l'eccezione alla regola della coinci-denza tra il punto di immissione e quello di prelievo è permessa nel caso:

o Gli impianti che accedono al regime di scambio siano realizza-ti da Comuni con popolazione fino a 50.000 residenti (per im-pianti di qualsiasi taglia) e dal Ministero della Difesa (per im-pianti fino a 200 kW)

76. Gli impianti che accedono al regime di scambio siano realizzati da Comuni con popolazione fino a 20.000 residenti (per im-pianti fino a 200 kW) e dal Ministero della Difesa (per impianti di qualsiasi taglia)

o Gli impianti che accedono al regime di scambio siano realizza-ti dal Ministero dell'Ambiente e della Tutela del territorio e del Mare e dal Ministero dell'Istruzione, dell'Università e della Ricerca Scientifica.

o Gli impianti che accedono al regime di scambio siano realizza-ti da Comuni con popolazione fino a 3.500 residenti (per im-pianti fino a 200 kW)

Nel D.M. 5 maggio 2011 – Quarto Conto Energia – sono previsti alcuni premi aggiuntivi alle tariffe incentivanti normalmente riconosciute, relativamente a specifiche tipologie e applicazioni di impianti. Specificatamente, per gli impianti fotovoltaici realizzati su edifici, installati in sostituzione di coperture in eternit o comunque contenenti amianto, è prevista:

77. Una maggiorazione di 5 centesimi di euro/kWh
    o Una maggiorazione del 20% della tariffa incentivante riconosciuta per i primi 10 anni e del 10% per i successivi 10 anni
    o Una maggiorazione del 5% della tariffa incentivante riconosciuta
    o Non è prevista alcuna maggiorazione; il caso della sostituzione dell'eternit/amianto era presente solo nel secondo e terzo Conto Energia

Quale è la quota complessiva di energia da fonti rinnovabili sul consumo finale lordo di energia da conseguire entro il 2020 per lo stato italiano?

78. E' pari a 17 %
    o E' pari a 20 %
    o E' pari a 21 %
    o E' pari a 18 %

Che rapporto intercorre tra la trasmittanza termica e la resistenza termica di una struttura muraria costituita da doppio paramento in laterizio ed interposto un foglio di polistirene estruso?

    o Nessun rapporto, i due valori non sono correlati
79. La trasmittanza termica è l'inverso della resistenza termica
    o Sono definizioni diverse dello stesso concetto fisico
    o La trasmittanza termica è pari al 126% della resistenza termica

Quando viene richiesto un allacciamento permanente (cioè senza limiti di durata) in bassa o in media tensione, il contributo da versare è determinato in misura forfetaria, indipendentemente dai costi effettivamente sostenuti per realizzare ogni singola connessione, sommando le componenti:

80. Contributo = quota distanza + quota potenza + quota fissa
o   Contributo = quota distanza + quota fissa
o   Nessun contributo
o   In funzione del reddito

Il D.M. 28/12/12 (c.d. Conto termico) che incentiva interventi di piccole dimensioni per l'incremento dell'efficienza energetica e per la produzione di energia termica da fonti rinnovabili è:

o   Cumulabile con tutti gli incentivi disponibili
o   Non è cumulabile con incentivi o fondi vari
81. Cumulabile con fondi di garanzia, fondi di rotazione e contributi in conto interesse
o   Cumulabile con le detrazioni fiscali

Qual è l'acronimo di GPP?:

82. Green public procurement
o   Gas public price
o   Government purchasing project
o   Graduate partnershipsprogram

Secondo il suo parere, quanto incide in percentuale la spesa energetica sul bilancio totale di un ente pubblico?

o   10 %
o   15 %
o   5 %
83. 20 %

Secondo l'art.1 della legge di conversione n.135 del 7 agosto 2012 (spendingreview 2) la pubblica amministrazione:

84. Può avviare procedure autonome di acquisto per alcune categorie merceologiche
o Può avviare procedure autonome di acquisto per tutte le categorie merceologiche
o Non può mai avviare procedure autonome di acquisto
o Può avviare procedure autonome di acquisto solo dopo autorizzazione da parte di CONSIP

Un razionale criterio di orientamento di un edificio adibito a civile abitazione dovrebbe prevedere:

85. zona a giorno esposta a sud, zona notte esposta a nord
o ampie finestrature nella facciata nord (per sfruttare al massimo la radiazione solare d'inverno ed economizzare sulle spese di riscaldamento) e ridotte finestrature nella facciata sud (per diminuire il carico frigorifero durante l'estate)
o ampie finestrature verso nord e per un bilanciamento ottimale, si orienta la zona giorno ad est, e la zona notte ad ovest
o una libera scelta da parte del progettista secondo propri criteri, dimensionando di conseguenza gli impianti tecnologici

I valori limite per il fabbisogno annuo di energia primaria per la climatizzazione invernale (D. Lgs. 192/05) dipendono, tra i fattori qui elencati, da:

86. rapporto S/V
o temperatura di progetto invernale
o capacità termica dell'edificio
o rendimento di produzione del calore

Gli impianti di cogenerazione sono ammessi a particolari condizioni incentivanti solo se raggiungono determinati requisiti di efficienza energetica. La produzione combinata effettuata da impianti con prestazioni energetiche particolarmente elevate è definita "cogenerazione ad alto rendimento". Si definisce "cogenerazione ad alto rendimento":

87. la produzione di energia elettrica e calore che rispetta quanto previsto dalla delibera dell'autorità per l'Energia Elettrica e il Gas n° 42 del 2002.

o la produzione di energia elettrica e calore che rispetta quanto previsto dalla direttiva Europea 2004/8/EC dell'undici febbraio 2004.

o la produzione combinata di energia elettrica, meccanica e calore che ha un rendimento di produzione di 1° principio superiore al 75%

o la produzione combinata di energia elettrica, meccanica e calore che ha un rendimento di produzione di 1° principio superiore al 85%

Nell'installare un pannello fotovoltaico in conto energia in un'unità immobiliare, senza vincoli dimensionali della superficie di pannello si dovrebbe scegliere la miglior opzione considerando che:

o la vendita diretta consentirebbe all'utente di poter entrare direttamente nel mercato della compravendita dell'energia elettrica, con notevoli benefici economici seppur a fronte di transazioni per addetti ai lavori

o la vendita indiretta svincolerebbe la vendita dell'energia elettrica prodotta dagli usi elettrici familiari, consentendo quindi completa libertà nel dimensionamento del pannello (kWpicco da installare)

88. lo scambio sul posto andrebbe sempre considerato come l'opzione più interessante, poiché evitando l'acquisto di kilowattora dalla rete si massimizza il risparmio senza influire in alcun modo sulle abitudini di consumo familiare

o la vendita diretta e indiretta e lo scambio sul posto non possono essere liberamente scelti dall'utente finale, ma vanno concordati preventivamente col distributore elettrico in funzione delle caratteristiche della rete in ambito locale

La qualità dell'aria in ambito urbano è collegata con il trasporto pubblico e con il trasporto privato. Azioni di miglioramento della mobilità urbana intraprese dal Mobility Manager di Area agiscono direttamente:
o sul risparmio energetico e sulle emissioni di inquinanti da traffico veicolare
o solo sul risparmio di carburante
89. solo sulla fluidità del traffico
o solo sul numero di veicoli circolanti

Quali delle seguenti categorie di edifici sono esclusi dalla Certificazione Energetica dalla direttiva 2002-91 CE?
o Gli edifici pubblici
o Gli edifici scolastici
90. Fabbricati indipendenti con metratura utile totale inferiore a 50 m^2
o Gli edifici commerciali

13   TEMI DI ESAMI SVOLTI - PARTECIVILE

13.1 Tema 1 - Illustrare il nuovo Conto Termico......

Illustrare il nuovo Conto Termico, individuando le finalità, gli attori coinvolti, le misure previste e le procedure necessarie per la richiesta.
Il decreto del 28 dicembre 2012 del Ministero dello Sviluppo Economico intende incentivare la produzione di energia termica da fonti rinnovabili ed incentivare gli interventi di efficienza energetica di piccoli dimensioni. Gli incentivi non sono cumulabili con altri incentivi statali tranne fondi di garanzia, fondi di rotazione e contributi in conto interessi.
Il decreto fissa degli impegni di spesa cumulata pari a 200 milioni di euro per gli interventi da realizzare dalle Pubbliche Amministrazioni e un impegno di spesa di 700 milioni per i soggetti privati, ossia persone fisiche, condomini e soggetti titolari di reddito di impresa o agrario. Tutti questi soggetti possono avvalersi di una ESCO. Gli interventi incentivabili sono.

a) Isolamento termico di superfici opache delimitanti il volume climatizzato
b) Sostituzione di chiusure trasparenti comprensive di infissi delimitanti il volume climatizzato
c) Sostituzione di impianti di climatizzazione invernale esistenti con impianti di climatizzazione invernale utilizzanti generatori di calore a condensazione
d) Installazione di sistemi di schermatura e/o ombreggiamento di chiusure trasparenti con esposizione a EST-SUD-EST o OVEST fissi o mobili, non trasportabili.

Questi primi interventi sono incentivabili qualora rispettino le condizioni e le modalità ed i requisiti che ricadono nella tabella 1 (valori di trasmittanza) o apportano un miglioramento di almeno del 70% della trasmittanza se l'edificio è iscritto al catasto da prima del 1993. Per altre tipologie di intervento il requisito è quello di tabella 2 (rendimento termico utile).

Sono incentivabili anche la sostituzione di impianti di climatizzazione invernali esistenti con pompe di calore elettriche e a gas, impianti di climatizzazione invernali o di riscaldamento delle serre dei fabbricati rurali con generatori a biomasse. Sono incentivabili l'installazione di collettori solari termici abbinati al solar cooling, sostituzione di scalda acqua elettrici con quelli a pompa di calore. Gli interventi appena descritti devono rispettare i requisiti dell'allegato II (coefficiente di prestazione COP minimo, GUE, rendimento termico utile per caldaie a biomassa).

Le spese ammissibili vanno dallo smontaggio e dismissione dell'impianto esistente, parziale o totale, opere murarie demolizione e ricostruzione, fornitura e posa in opera dei nuovi impianti, posa in opera di coibente, tende tecniche, schermature solari, prestazioni professionali per la redazione della diagnosi energetica e per attestati di certificazione energetica. La durata dell'intervento varia da 2 a 5 anni in funzione della tipologia di intervento. Se l'ammontare dell'incentivo non supera i 600 euro viene corrisposto in unica rata. La procedura di accesso agli incentivi va destinata al GSE attraverso la scheda di domanda disponibile sul sito internet dello stesso ente. La domanda va presentata entro 60 gg. Dalla data di effettuazione dell'intervento o di ultimazione dei lavori. Solo le amministrazioni pubbliche possono presentare domanda al GSE attraverso una scheda di domanda a preventivo. Tale domanda è firmata dal soggetto responsabile che si impegna ad eseguire i lavori entro i termini temporali previsti dal contratto tra P.A. ed ESCO. Se la domanda è accettata il GSE accantona la somma da destinare all'incentivo. Il soggetto responsabile è tenuto a fornire su richiesta del GSE la documentazione come attestato di certificazione energetica, schede tecniche dei componenti e apparecchiature installate, asseverazione di un tecnico abilitato. Con il CONTO TERMICO 2.0 del 31 maggio del 2016 i beneficiari come la P.A. hanno 200 milioni di euro annui. La platea dei soggetti beneficiari è aumentata con l'introduzione all'accesso di società in house e cooperative di abitanti. Snellita la procedura per gli apparati a catalogo. L'importo del rimborso in unica rata passa da 600 a 500 euro e il tempo di pagamento passa da 6 a 2 mesi. Il conto termico 2.0 prevede fino al 65% di spesa sostenuta per edifici NZEB, il 40% per l'isolamento dei muri, chiusure finestrate, schermi solari, illuminazione di interni e tecnologie BMS e caldaie a condensazione. Il 50% di incentivazione per l'isolamento termico nelle zone climatiche E/F, il 65% per caldaie a biomassa e pompe di calore. Mentre il 100% è previsto per le spese della P.A. per diagnosi energetica e APE.

Per la P.A. gli interventi ammissibili sono le coibentazioni di pareti e coperture, sostituzione di serramenti, installazione di schermature, trasformazione di edifici in NZEB, illuminazione interni, BMS, sostituzione di impianti esistenti con impianti a più alta efficienza come caldaie a condensazione. Per tutti gli altri soggetti gli interventi riguardano la produzione di energia termica da fonti rinnovabili e sistemi ad alta efficienza come pompe di calore, climatizzazione combinata con acqua sanitaria, installazione di pannelli solari termici abbinati al solar cooling, sistemi ibridi a pompe di calore. Il meccanismo di accesso diretto per tutti i soggetti mentre su prenotazione resta riservato alla P.A. e alle ESCO per conto della P.A.

13.2 Tema 2 - Descrivere in maniera sintetica ...

Descrivere in maniera sintetica le attuali forme di incentivazione sull'efficienza energetica negli edifici e successivamente differenziarli per tipologia di intervento.

Tra le attuali forme di incentivazione maggiormente diffuse si annoverano " *le agevolazioni fiscali per il risparmio energetico*". Nell'ultimo aggiornamento di marzo 2016 le agevolazioni sono state estese ad altri interventi e sono stati aggiunti anche interventi relativi alle "parti condominiali". A dicembre 2016 le detrazioni sono state prorogate anche per tutto l'anno 2017 sempre pari al 65% della spesa sostenuta. La detrazione fiscale è stata estesa all'acquisto e alla messa in opera di dispositivi BMS per il controllo a distanza della climatizzazione invernale, estiva e per la produzione di acqua calda sanitaria. Inoltre per le fasce di incapienza fiscale le detrazioni riconosciute possono essere cedute ai fornitori di beni e servizi di riqualificazione energetica. La detrazione massima per tipologia di intervento è di 100.000 euro per gli interventi di riqualificazione energetica, 60.000 euro per gli interventi sull'involucro opaco e trasparente, 30.000 euro per gli impianti di climatizzazione invernale solo sostituzione, 60.000 euro per l'acquisto e la posa in opera di schermature solari, 30.000 euro per acquisto e posa in opera di impianti di climatizzazione invernale da biomassa.

La detrazione fiscale avviene nell'arco di 10 anni, con rata identica a 1/10 del valore della detrazione totale. Il costo dell'iva è del 10% ma non si applica all'importo risultante la differenza del costo totale meno il costo dei beni significativi. Per la restante parte si applica il 22% .

Per gli interventi sugli involucri, con il massimale di 60.000 edifici esistenti, le parti opache o trasparenti devono rispettare i requisiti di trasmittanza "U" espressa in W/m^2K definita dal D.M. del 11 marzo 2008.

Per le schermature solari occorre riferirsi all'allegato M del D.Lgs. 311/2006.

L'installazione di pannelli solari termici per la produzione di acqua calda sanitaria è incentivata per un importo di detrazione di 60.000 euro.

Il "conto termico" incentiva gli interventi di piccole dimensioni e destinati all'incremento dell'efficienza energetica e alla produzione di energia termica prodotta da fonti rinnovabili. Nello specifico gli interventi per l'efficientamento dell'involucro di edifici esistenti (coibentazioni di pareti e coperture, sostituzione di serramenti e installazioni di schermature solari) oppure per la sostituzione di impianti di climatizzazione invernale con impianti ad alta efficienza (caldaie a condensazione)o in alcuni casi impianti nuovi alimentati da fonti rinnovabili (pompe di calore, stufe e camini a biomassa, solar cooling). Inoltre introduce incentivi specifici per la diagnosi energetica e la certificazione energetica. L'incentivo è individuato in base alla tipologia di intervento ed in base all'incremento di efficienza. Il contributo, in base alla spesa sostenuta, è erogato in rate annuali per una durata da 2 a 5 anni massimo. Le categorie di intervento incentivate sono l'incremento dell'efficienza energetica e la produzione di energia termica da fonti rinnovabili. Le amministrazioni pubbliche possono richiedere un contributo per entrambi le categorie mentre i privati solo per la produzione di energia termica da fonti rinnovabili. Le aliquote di incentivo sono: a) fino al 65% della spesa sostenuta per gli edifici nZEB b) fino al 40% per l'isolamento dei muri e coperture, illuminazione di interni, BMS e caldaie a condensazione c) fino al 65% per pompe di calore, caldaie a biomassa d) fino al 100% per la diagnosi energetica e certificazione APE per le P.A. mentre per i privati scende al 50%

Altro sistema di incentivazione è il *"conto energia"* per la produzione di energia elettrica. Il D.M. del 5 luglio 2012, quinto conto energia attualmente cessato, per il raggiungimento della somma cumulata di incentivi era basato su tariffa differenziata: a) tariffa omnicomprensiva riconosciuta per la quota netta immessa in rete b) una quota premio per la parte di energia consumata in rete.

Per usi civili o residenziali è da ritenere più idoneo il meccanismo di "scambio sul posto" per impianti che non superano i 200kW. I clienti possono immettere in rete l'energia prodotta e in un tempo differito possono prelevarla con il riconoscimento di un ristoro economico dovuto al costo di prelievo dell'energia dalla rete elettrica. Il GSE richiede ogni anno un corrispettivo di gestione che per gli impianti fino a 3kW è pari a zero. Per impianti fino a 20 kW è di 30 euro mentre per gli impianti fino a 500 kW la quota fissa è di 30 euro e la quota variabile è di un (1) euro per ogni kW.

Altro sistema incentivante sono i certificati bianchi qualora il soggetto richiedente sia tra i "soggetti obbligati" o "soggetti volontari" purché si siano dotati di energy manager o di un sistema di gestione ISO 50001. Tra le forme messe a disposizione dal decreto ci sono le schede standard, le schede analitiche e i progetti a consuntivo. La soglia di accesso con tau a 2,65 per le prime è di 20 TEE, per le seconde è di 40 TEE mentre per le ultime è pari a 60 TEE.

Descrivere e commentare le diverse strategie che concorrono alla riduzione dei consumi energetici ed economici nella realizzazione e gestione degli impianti di illuminazione per interni.

Le sorgenti luminose sono di tre categorie in particolare quelle a incandescenza, a scarica di gas e a semiconduttori. Queste sorgenti luminose sono le stesse che a partire dagli anni '90 ha consentito agli impianti di illuminazione un servizio puntuale ed efficace a costi ridotti. Le aeree di miglioramento sono le seguenti ragioni tecniche: a) spesso non si pone attenzione all'impianto di illuminazione perché si è ritenuto che spegnere qualche tubo al neon non comporti risparmi apprezzabili. b)si considerano le potenze in gioco estremamente ridotte c) efficientare un impianto di illuminazione comporta un risparmio di energia elettrica.

Partendo dalla considerazione che l'impianto deve soddisfare le seguenti finalità: 1) produrre una certa quantità di luce 2) con una data modalità 3) in determinati luoghi 4) per un certo tempo.

Quindi efficientare significa intervenire in tutte queste aree. Considerando che l'efficienza di un impianto è dato dalla relazione

$$\epsilon_{imp} = \frac{N \, \Phi \eta U}{N \, (Pl + Paus)}$$

si può immediatamente rendersi conto che l'efficienza di un impianto aumenta installando sorgenti luminose di miglior efficienza

$$\epsilon_{sl} = \frac{\Phi sl}{P}$$

adottando corpi illuminanti di miglior rendimento ottico η, incrementando il fattore di utilizzazione U rendendo più frequenti le operazioni di manutenzione. Se aumenta l'efficienza si ottengono i seguenti benefici: 1) minor energia elettrica consumata 2) minor impegno di potenza 3) minor rinnovo del parco lampade

Se intendessimo sostituire le sorgenti luminose con altre più efficienti bisogna tener conto del flusso luminoso totale emesso nella condizione ex-ante Φ_{sl1}. A parità di flusso luminoso $\Phi_{sl1} = \Phi_{sl12}$ si calcola la nuova potenza impegnata

$$P_{sl2} = \frac{N \, \Phi sl1}{\Phi sl2}$$

Quindi il valore di $\Delta P = P_{sl1} - P_{sl2}$. La differenza di potenza tradotta in energia consente di poter calcolare un flusso di cassa aspettato. Ovviamente se nel calcolo dell'energia

$$\Delta E_{sl} = \frac{Psl1 - Psl2}{1000} H$$

Resta sempre la considerazione che con un numero di ore di funzionamento H basso non è conveniente economicamente sostituire i corpi illuminanti. Nella sostituzione invece sono da preferire corpi illuminanti sospesi, da evitare flusso direzionato e corpi illuminanti incassati. In generale nel caso di un efficientamento dell'impianto di illuminazione migliorando le sorgenti luminose, corpi illuminanti, ambiente da illuminare e ciclo di manutenzione essendo necessario un flusso utile Φ_{utile} sul piano di lavoro

$$\Phi_{utile} = \Phi_{sl} \, \eta \, U_m$$

Quindi il calcolo di

$$\Delta E = C_{kWh}$$

e relativo VAN ci consentono di poter confrontare questa soluzione a vita X con altra soluzione a vita X+N

Altra strategia oltre alla sostituzione delle sorgenti luminose con altra ad alta efficienza, alla sostituzione dei corpi illuminanti con altri a miglior rendimento, alla tinteggiatura delle pareti e dei soffitti per migliorare il fattore U con colori chiari, ed una manutenzione più ricorrente. Possono essere introdotti sensori di presenza, temporizzatori e regolatori di flusso luminoso.

I sensori di presenza consentono di non tenere illuminati zone e ambienti non abitati. Quindi un impianto di illuminazione esteso può essere oggetto di intervento con sensori di presenza tale da poter illuminare solo gli ambienti abitati. Sono facilmente installabili ed adatti soprattutto in ambienti scarsamente frequentati (magazzini, corridoi, autorimesse, locali tecnici, toilette). Stessa considerazione per interruttori temporizzati e crepuscolari che inseriscono e disinseriscono impianti di illuminazione i primi in una fascia temporale e i secondi in funzione della luminosità naturale. Infine i regolatori di flusso agiscono sulla quantità di luce da erogare. Agendo sulla variazione della forma d'onda con il risultato di una tensione media inferiore. Questi attualmente hanno rendimenti del 95%. Per ottenere la massima efficacia occorrerebbe accoppiarli ad una fotocellula che ne comandi il regolatore di flusso. Inoltre accoppiato ad un sensore di presenza si raggiungerebbe il massimo dell'efficienza. Queste considerazioni vanno sempre rapportate alla convenienza economica degli interventi rispetto ai flussi di cassa FC e quindi al calcolo puntuale del VAN

13.4 Tema 4 - Ai fini della concessione dei benefici ....

Ai fini della concessione dei benefici economico per interventi di risparmio energetico in edilizia, qual è l'iter che il richiedente deve intraprendere per l'installazione di una caldaia a condensazione e quali condizioni tecniche devono essere rispettate a livello di impianto.

In prima analisi affrontiamo la concessione di contributi economici derivati dalla legge di stabilità 2016. In questo caso tra gli interventi ammessi all'agevolazione fiscale per un massimale di 30.000 euro sono inseriti quei lavori di sostituzione di impianti di climatizzazione. Questi lavori, si intende anche la sostituzione integrale o parziale di impianti esistenti con impianti dotati di caldaie a condensazione e contestuale messa a punto del sistema di distribuzione. Per beneficiare della detrazioni occorre perseguire un iter amministrativo indicato ed attenersi a caratteristiche tecniche e di rendimento che richiameremo a seguire. Vediamo l'iter da seguire; innanzi tutte le spese ammissibili riguardano la posa in opera di tutte le apparecchiature termiche, meccaniche, elettriche ed elettroniche, nonché idrauliche e murarie compreso lo smontaggio e la dismissione del vecchio impianto.

L'agevolazione consiste in una detrazione dall'imposta lorda IRPEF o IRES. Tale detrazione va suddivisa in 10 rate annuali di pari importo. Tra gli adempimenti richiesti nel caso di una caldaia a condensazione inferiore a 100kW non è richiesta l'asseverazione. Dal 2009 non è richiesta nemmeno l'attestato di prestazione energetica APE. Quindi al termine dei lavori ed entro 90 gg va redatta e trasmessa la scheda informativa secondo lo schema stabilito. La scheda contiene i dati identificativi del soggetto che ha sostenuto le spese e dell'edificio in cui sono stati svolti i lavori, la tipologia di intervento eseguito e il risparmio di energia che ne è conseguito nonché il relativo costo specificando le spese professionali e quello utilizzato per il calcolo della detrazione.

La trasmissione dei documenti dovrà avvenire per via telematica nell'apposito portale predisposto da ENEA. Si può inviare la documentazione a mezzo raccomandata con ricevuta semplice. I pagamenti variano se il soggetto sia titolare o meno di reddito di impresa. I contribuenti non titolari di reddito di impresa devono effettuare il pagamento delle spese sostenute mediante bonifico bancario. Gli altri sono esonerati, in tal caso la prova di spesa è altra documentazione. Nel caso di bonifico bancario va indicata la causale, il codice fiscale del beneficiario della detrazione, il codice fiscale o il numero della partita iva del soggetto a favore del quale è effettuato il pagamento. Occorre fare attenzione alla ritenuta sui bonifici (8%).

I documenti da conservare sono la ricevuta di invio tramite internet o ricevuta Racc/semplice e le fatture o ricevute fiscali.

Per i contribuenti non titolari di reddito d'impresa da conservare è la ricevuta del bonifico. Se la caldaia a condensazione supera i 100kW occorre conservare l'asseverazione redatta da un tecnico abilitato. Il requisito tecnico della caldaia a condensazione è il rendimento termico utile a carico del 100% della potenza nominale che deve essere maggiore o uguale a $93+2\log P_n$. Ogni radiatore servito dall'impianto deve essere dotato di valvole termostatiche a bassa inerzia termica tranne per impianti progettati per temperatura media dell'acqua a 45 °C. in conclusione possono essere detratti il 65% dei costi sostenuti per un massimale di 30.000 euro.

Se il soggetto richiedente è una P.A. può beneficiare del D.M. del 16 febbraio 2016 detto "*conto termico 2.0*" ed usufruire, tramite una ESCO, degli incentivi per la sostituzione di una caldaia con una caldaia a condensazione. I requisiti tecnici della caldaia devono rispettare: a) rendimento termico $\geq 93+2\log P_n$. b) impianto a radiatori con valvole termostatiche c) messa a punto ed equilibratura del sistema di distribuzione e del sistema di regolazione e controllo. d) se la potenza al focolare supera $\geq$ a 100kW adottare un bruciatore modulante e) regolazione climatiche direttamente sul bruciatore f) nel sistema di distribuzione deve essere installata una pompa a giri variabili. Se la potenza al focolare $\geq$ a 200kWt va prodotta la diagnosi energetica ante-operam e la certificazione APE post-operam.

Ai fini dell'incentivo il soggetto responsabile predispone la documentazione da trasmettere entro 90gg. Per caldaie con potenza $\leq$35kWt non comprese nel catalogo l'asseverazione del tecnico abilitato non è obbligatoria ma è sufficiente una certificazione del produttore.

Chiusure trasparenti. Elencare le diverse tipologie disponibili. Si consideri un edificio che si trovi in una località GG. Se prima consumava Q di metano e la soluzione prescelta diminuisce di ΔK il valore di U della superfice S come si può esprimere il risparmio energetico ottimale annualmente.

La coibentazione di un edificio può ritenersi completa quando le finestre sono correttamente progettate e realizzate con lo scopo di ridurre la dispersione di calore. Il calore attraverso le finestre può disperso per convenzione, conduzione e irraggiamento. Nel primo caso l'aria calda tende a uscire attraverso gli spiffieri lasciati dai serramenti non perfettamente chiusi. Si può ovviare a questo problema utilizzando opportune guarnizioni che migliorano l'ermeticità del serramento. Per conduzione la dispersione avviene attraverso il telaio e il vetro.

Infine per irraggiamento attraverso il vetro, il calore interno si irradia all'esterno sotto forma di radiazioni infrarosse. Quindi un adeguato isolamento termico riguarda tutti gli elementi che costituiscono le finestre:

1. Serramento (vetro e telaio)
2. Conformazione del vano murario
3. Il vano di alloggiamento del cassonetto

TELAI: sono disponibili sul mercato tipi di finestre differenti in funzione al tipo di materiale utilizzato ; legno, alluminio, PVC e combinazioni di questi. Le proprietà termoisolanti dei serramenti in legno dipendono dalla qualità del materiale e dello spessore dei profili. Le migliori prestazioni sono garantite da telai in legno lamellare. I serramenti in alluminio a taglio termico sono caratterizzati da una membrana altamente coibente applicata in modo da interrompere il flusso di calore. I serramenti in PVC sono buoni isolanti termici perché oltre al tipo di materiale la morfologia cava assicura una camera d'aria dove il flusso di aria interno agisce come un isolante.

VETRI: il sistema di vetratura mette a disposizione vetri accoppiati e distanziati da camere d'aria contenenti sali disidratati. Lo spessore fino a 1,5cm aumenta la resistenza termica. Oltre i 3 cm accresce la convenzione dell'aria con diminuzione delle proprietà isolanti. Le soluzioni più adeguate sono costituite da serramenti con doppi o tripli vetri o da doppie finestre. All'interno della camera d'aria vengono

usati gas nobili (argon, kripton) che migliorano le proprietà termoisolanti. Per limitare la dissipazione di calore verso l'esterno è opportuno
scegliere vetro basso emissivi o applicare apposite pellicole.
CASSONETTO: è la parte delle tapparelle con notevole dispersione.
Si può intervenire applicando materiale isolante (almeno 4cm).

Ipotizzando che un edificio si trovi in zona C (gradi giorno 1012) di
riscaldamento, secondo il DPR 26 agosto 1993 n.412, ossia 10 ore
giornaliere dal 15 novembre al 31 marzo per un totale di 136 giorni.
La sostituzione di finestre e vetri consentirebbe un guadagno:
$$\Delta Q = \Delta U \cdot \Delta T \cdot S$$
consideriamo un

$$\Delta T = \frac{GG}{GR} \cdot R \cdot f$$

con R si definisce fattore di correzione che vale 1 se l'elemento fine-
strato divide un ambiente riscaldato dall'esterno, mentre con f si definisce il fattore di correzione che tiene conto del valore della temperatura interna media (inferiore a 20°C per un edificio residenziale f è
pari a 0.9 mentre negli edifici varia tra 0,4 – 0,8. Quindi l'energia risparmiata è:

$$\Delta Q_a = \frac{\Delta Q h \cdot 10 \cdot GR}{1000}$$

Conoscendo ΔQ_a possiamo calcolare l'energia risparmiata da fonte
primaria Q_{pr} data da:

$$Q_{pr} = \frac{\Delta Q a}{\eta g}$$

essendo ηg un valore limite pari a 75 +3logPn/100 con soglia minima
al 84%. Per cautela si pone al 80%